B站UP主
实操攻略

王斐 著

内容策划 视频制作 直播技巧 运营变现

U0377256

人民邮电出版社

北京

图书在版编目（ＣＩＰ）数据

B站UP主实操攻略：内容策划 视频制作 直播技巧
运营变现 / 王斐著. -- 北京：人民邮电出版社，
2022.10
　ISBN 978-7-115-59552-2

　Ⅰ．①B… Ⅱ．①王… Ⅲ．①视频编辑软件②网络营
销 Ⅳ．①TP317.53②F713.365.2

　中国版本图书馆CIP数据核字(2022)第116319号

内 容 提 要

　　随着社区生态越来越丰富，网站内容越来越多元，B站（bilibili 网站）不仅成为年轻
文化的代名词，还是一个打造个人品牌的重要平台。本书从"UP 主"账号运营入手，介
绍 B 站各类型内容创作的投稿流程和创作技巧。此外，还对 B 站平台的功能应用进行了细
致梳理，讲解运营策略与变现渠道，帮助更多"UP 主"了解与维护创作权益。

　　全书共 9 章，首先总体介绍了 B 站平台特色，对 B 站账号创建及信息设置的操作进行
了讲解；然后，从内容创作的角度介绍了 B 站的内容分区，讲解 B 站投稿过程与创作技巧，
帮助 B 站"UP 主"提升内容质量；最后，介绍了如何分析与运营 B 站账号，发掘与拓宽
变现渠道。本书注重案例分享与操作讲解，力求用简洁的语言让读者知悉 B 站的创作运营
体系。

　　本书适合对 B 站运营感兴趣、希望成为优质"UP 主"的自媒体新人，书中的内容创
作技巧和要领对于已成熟的自媒体创作者也有一定的参考价值。对于想在 B 站为品牌产品
引流宣传、吸引关注的商家和企业，本书内容也具有借鉴意义。

　◆　著　　　　王　斐
　　　责任编辑　张　贞
　　　责任印制　陈　犇
　◆　人民邮电出版社出版发行　北京市丰台区成寿寺路 11 号
　　　邮编　100164　电子邮件　315@ptpress.com.cn
　　　网址　https://www.ptpress.com.cn
　　　雅迪云印（天津）科技有限公司印刷
　◆　开本：700×1000　1/16
　　　印张：12.5　　　　　　　　2022 年 10 月第 1 版
　　　字数：342 千字　　　　　　2022 年 10 月天津第 1 次印刷

定价：69.80 元
读者服务热线：(010)81055296　印装质量热线：(010)81055316
反盗版热线：(010)81055315
广告经营许可证：京东市监广登字 20170147 号

前 言

B站（bilibili网站）是一个集媒体、企业、个人等各类账号于一体的视频平台与文化园区，拥有庞大的用户基础。通过这个平台，用户可以发出自己的声音，通过文字、图片、视频等方式进行全方位的沟通、互动。近年来，越来越多的人成为"UP主"（即uploader），投身到内容创作和营销的行列中。本书的核心，就是让更多人了解入驻B站的流程，选择适合自己的内容形式，从而提高内容创作的质量，在信息洪流中脱颖而出。

本书特点

条理清晰，语言简练：本书的内容安排逻辑性强，全书以"B站介绍—成为B站'UP主'—内容创作—功能使用—运营技巧—内容变现"为主要脉络，语言简洁，通俗易懂，详略得当。

由浅入深，注重操作：本书注重"UP主"创作与运营过程中的各类操作问题，以通俗简洁的语言描述了"UP主"创作与运营过程中后台进行的各类操作与设置，力求能让对自媒体运营感兴趣的普通人能迅速上手，掌握B站的投稿流程、运营技巧和变现渠道。

内容框架

本书共分为9章，详细介绍了B站内容创作相关的操作方法，引用大量的"UP主"的作品案例，分析归纳了具有参考价值的要领和技巧，帮助读者更加熟练地进行B站创作与营销。

第1章：概述B站的发展历程、平台特色、账号注册与会员权益，帮助读者了解B站。

第2章：主要讲解B站内容创作的定位，介绍B站内容投稿的类型、流程与注意事项，助力读者迅速上手B站投稿。

第3章：主要介绍视频创作的各项内容，包括选题策划、题材类型、内容方向和创作启发等。

第4章：详细说明拍摄B站视频的器材准备与拍摄技巧，从器材选择、拍摄设置、场景构图、摄影运镜等方面介绍如何拍好一个视频作品。

第5章：讲解B站视频稿件的剪辑与创作，主要介绍必剪和剪映两大手机视频剪辑App的相关功能与操作流程。

第6章：介绍B站直播的相关内容，涵盖B站直播的开通、直播的设置、主播直播技巧三个方面的内容。

第7章：主要讲解B站账号后台管理的各项内容，详细介绍了稿件内容的管理、账号粉丝的管理、用户互动的管理、创作相关内容设置及B站平台的规范与管理条例。

第8章：从B站平台的数据查看与分析、第三方数据平台的使用两个方面，讲解B站账号运营相关数据的查看、解读与应用。

第9章：主要介绍"UP主"借助B站平台流量，实现商业变现，获取收益的相关内容，帮助读者全面了解B站变现的方法途径。

适合读者

本书适合希望借助B站了解自媒体行业的新人与年轻人，以及想要通过成为"UP主"，进行内容创作和品牌运营的个人和企业。

本书语言浅显易懂，能够满足希望通过本书熟悉B站内容创作与后台操作的初学者，助其"辐射"更多受众，最大限度地彰显内容魅力。

编者

目录

第 3 章

视频创作：优质内容创作技巧

第 4 章

视频拍摄：如何拍出爆款视频

───── 第 5 章 ─────

随剪随传：为你的视频锦上添花

第1章

"Z世代"乐园：独具亲和力的氛围型社区

哔哩哔哩（英文名称为bilibili）现为中国年轻世代高度聚集的文化社区和视频平台，该网站于2009年6月26日创建，被粉丝们亲切地称为"B站"。

本章将初步介绍B站的社区内容、用户群体、账户注册及会员便利，以帮助读者更加全面、系统地了解B站，为后续的内容运营打下坚实基础。

1.1 初识：从小众网站走向文化交流社区

B站早期是一个ACG（即动画、漫画、游戏）内容创作与分享的视频网站。经过十年多的发展，围绕用户、创作者和内容，B站已经构建了一个源源不断产生优质内容的生态系统，涵盖7000多个兴趣圈层，已经从一个小众的二次元交流自留地发展为一个以视频为主的泛娱乐多元潮流文化聚集地，结合相应的社交内容，创造了一个独具亲和力的氛围型社区。

用户基数大：具备丰富资源及消费能力

目前B站的总用户数超过7亿，从哔哩哔哩官方公布的数据来看，B站月活用户数量达到了2.67亿，日活用户数量已突破7200万，如图1-1所示。而根据中国互联网络信息中心（CNNIC）2021年9月发布的数据来看，中国目前的网民数量达10.11亿，由此可见，B站用户的数量之大。这样庞大的用户基数与月活用户数，使得B站拥有丰富的视频资源及多样的创作内容。

B站官方公布的数据显示，B站已经连续多个季度实现各项业务收入的大幅增长，单个季度的总体营收可达52.1亿元，月均付费用户多达2400万，如图1-2所示。这组数据有力地说明了B站平台用户的消费能力与潜力都是十分可观的。

图1-1　月活用户及付费用户数据　　图1-2　B站季度营收数据

网站内容多：多样化的产品与服务

B站经过多年发展，不再只是一个单纯的观看和发布视频的平台，它还开拓出了游戏、直播、会员购、漫画以及赛事版块，并且开发了用来发布文章的专栏、进行知识学习的课堂等内容，给B站用户带来了多样化的产品与服务，如图1-3所示。

B站的拓展版块都是根据用户的主要文娱取向及消费需求而设立的特色化内容，在特定时节或是有重大社会事项时，还会根据用户实际需要，拓展阶段性的新版块。例如，2022年北京冬奥会期间恰逢中国元宵佳节，B站就根据用户的文娱需要，开设了千灯会与冬奥这两个新的版块，如图1-4所示。但从ACG领域起家的B站，最主要的平台内容还是围绕ACG在展开，主要的置顶模块还是番剧、游戏与漫画。

图1-3　各版块入口

图1-4　千灯会与冬奥版块

> **提示：** ACG是动画、漫画与游戏的总称，即Animation（动画）、Comics（漫画）与Games（游戏）的首字母缩写，来源不是英语，也不是一个英语单词，并没有完全对应的广泛使用的中文翻译。

1. 主站

主站是打开B站之后直接进入的版块，它将各个分区和版块的内容集合在一起，方便用户进入B站之后寻找、发现自己感兴趣的内容。

2. 番剧

番剧是B站最开始就有的一个核心分区，如图1-5所示，该版块内有最新的连载动画、已经完结的动画、各种最新动漫资讯及各个动画作品的官方延伸内容。

图1-5　番剧版块

3. 游戏中心

游戏中心是基于B站特有的游戏社区文化而衍生出的版块，如图1-6所示，用户可以在游戏中心了解到各种题材、各种内容的游戏。游戏中心为各位用户提供新款游戏的预约内测以及相关信息，并且还提供各类游戏的下载资源。

图1-6　游戏分类

4. 直播

B站的直播版块的设立标语是"在这里看见最年轻的生活方式"，涉及当下年轻人的生活娱乐的方方面面，游戏、电竞、学习、宅舞、唱见、绘画、美食等内容应有尽有，如图1-7所示，但是它的核心内容还是游戏直播，它把游戏细分为网游、手游、单机游戏三个版块，涉及超过150款热门游戏的直播内容。

图1-7　直播版块内容

直播版块的推荐分区在众多的直播体裁和内容中选择了当下年轻人中最热门的一些生活娱乐活动，如图1-8所示，比如游戏、视频唱见、舞见、陪伴学习、虚拟主播等内容。

图1-8　直播的推荐分区

5. 会员购

会员购版块即B站的电商版块，如图1-9所示，它并不是一个全品类电商平台，而是一个根据B站众多喜欢二次元用户的消费需求而创设的一个主营漫展演出及B站周边的电商平台。

6. 赛事

赛事版块的全称是电竞赛事，如图1-10所示，它并不是一个传统的全种类体育竞技频道，而是根据B站游戏玩家的兴趣与观看需求，单独创设的一个主营电子竞技比赛直播的赛事频道，同时还会发布与电竞直播相关的数据与资讯。

7. 频道

除了各个热门的版块分区之外，B站还有超过2500个频道，如图1-11所示，用户可以进入自己感兴趣的频道，查看相关内容。

图1-9　会员购内容

图1-10　电竞赛事内容

图1-11　频道内容

弹幕文化：引领独特的社交潮流

B站在创建之初就存在鲜明独特的弹幕文化，并促成了后续众多视频网站的弹幕潮流，使得其他视频平台纷纷效仿。

B站在诞生之初是作为视频、观众、视频制作者的一个互动媒介，弹幕是B站视频的一个组成部分，相比其他平台，它具有更多的可读性、趣味性。B站的弹幕文化可以产生一种沉浸式体验，通过打破时空限制的弹幕，促进用户之间的交流，使用户拥有良好的互动体验，并由此营造一种特别的社交氛围。这样优质的弹幕，增加了互联网社交的趣味，甚至可以营造新的网络热词和潮流。

以在线观看电视剧为例，诸如《西游记》《红楼梦》《水浒传》《三国演义》之类的经典电视剧在很多网络视频平台都可以进行观看，但是由于B站拥有众多的优质弹幕和月活用户，所以众多的网民都选择在B站观看电视剧。用户可以在观看电视作品的同时，顺便看一看以前的观众留下的弹幕并与之进行互动，甚至还有用户专门为了看相关电视剧的弹幕而选择在B站观看相关电视剧。

版块分区：多元文化满足不同需求

B站共有31个分区，如图1-12所示，为用户提供包括番剧、直播、游戏、VLOG在内的多元文化内容，满足用户在闲暇时的多样化文娱需求。

B站一开始就是一个二次元社区，所以在二次元领域投入巨大，每年都会引进众多的正版动漫番剧，除此之外，它还扶持一切有潜力的动漫、游戏等IP制作。

为了方便用户观看各类动画，及时了解动画资讯，B站对不同的动画内容作了区分，设立了三个分区。

对于已经完结的番剧，设立了番剧专区，如图1-13所示。

为了支持、助力国产动漫，专门设立了国创分区，如图1-14所示。

除了专门观看动画的两个分区外，B站还设立了上传和观看用户原创及相关番剧衍生作品的动画分区，如图1-15所示。

图1-12　B站分区

B站还慢慢拓展出一个囊括综艺、电影、电视剧、纪录片等多种影视内容的放映厅分区，如图1-16所示，满足了用户对于优质长视频的观看需求。

图1-13　番剧分区

除了二次元、影视内容之外，随着平台内容拓展及年轻一代的新增用户对于其他内容的关注与创作，B站又逐渐增加了音乐、科技、舞蹈、美食、鬼畜、时尚等新的内容分区，将众多用户的兴趣内容进行细分，并由此深化拓展各类分区的内容，通过不同版块的内容，满足用户的多元需求，增加用户黏性。

图1-14　国创分区

图1-15　动画分区

图1-16　影视专区

点开即看：高度自由的视听体验

B站有一个吸引用户的优点：即视频播放过程中没有广告和弹窗，用户想看哪个视频，即可直接点击观看，不需要等待广告播放。相比其他视频网站动辄60秒、90秒甚至是120秒的广告来说，点开即看为B站在用户心中加分不少。

1.2 特色：做有温度、多元化的视频网站

创立至今，B站致力于为年轻群体提供文化娱乐服务，造就了独特的品牌特色。优质的内容构成、互动性强的社区文化、丰富的内容品类及舒适的用户体验，都帮助B站越走越稳，越走越好。本节将围绕B站特色讲述B站是如何营造有温度、多元化的网站文化，受到年轻人喜爱的。

PUGV与OGV

B站的内容由PUGV和OGV两种内容形式组成。

1. PUGV（Professional User Generated Video）

PUGV指用户经过专业策划自制的高质量视频。在B站，指"UP主"的自制视频，也是B站内容构成的核心。

图1-17所示为B站某知名"UP主"投稿的自创视频，该"UP主"记录自制三星堆黄金面具的过程，通过趣味的剪辑与讲述，制作了一个12分钟左右的视频，并投稿至B站。从2021年4月中旬投稿，截至2022年2月初，近10个月时间里，该视频的播放量已经超过了1300万。PUGV内容在B站的受欢迎程度，由此可见一斑。

图1-17 "UP主"的PUGV内容

B站始终致力于打造一个以"UP主"为核心，PUGV内容为主的视频播放平台，这也使得B站能区别于其他视频平台，拥有更高的用户黏性和用户的忠诚度。用户的支持与喜爱又激励了更多B站"UP主"的创作热情，从B站官方公布的数据来看，B站用户的月均投稿量已突破1000万，如图1-18所示。

并且，B站向许多顶流"UP主"抛出橄榄枝，产出多领域的创意PUGV，打破传统企业印象、巩固社区文化的同时，也不断促进PUGV向高质量发展，如与Starburst星爆糖合作征集创意视频，与清扬合作创立"放肆大学"标签，等等。图1-19所示为Starburst星爆糖征集活动时的用户投稿。

图1-18 月均投稿量数据

图1-19 Starburst星爆糖征集的PUGV内容

2. OGV（Occupationally Generated Video）

PUGV内容之外，B站还拥有大量优质OGV作品。OGV与PUGV相对，指由专业机构生产的内容。近几年，B站版权内容发展迅速，已出品《人生一串》《寻找手艺》《守护解放西》《但是还有书籍》系列等爆款纪录片，《我在故宫修文物》大电影，《宠物医院》《非正式会谈》《舞千年》《90婚介所》等原创综艺，虚拟歌手洛天依等。

与其他主流视频网站的不同在于，B站的OGV内容迎合年轻人的价值取向，又能融合传统文化与新潮话题，收获用户好评。图1-20所示为《我在故宫修文物》电影宣传图，B站关注到年轻人对传统文化也有浓厚的兴趣。这部拍摄故宫稀世文物修复故事的大型纪录片，光B站线上播放量就超过了1000万。

图1-20　由B站出品的《我在故宫修文物》大电影

用互动连接情感

B站对自身定位是年轻人的文化社区。拥有共同兴趣的年轻人聚集在一起，消费、创作、分享、交流甚至交友。

每一个首次注册B站的人都会感受到B站答题带来的压力。B站是中国互联网中唯一一个执行社区准入制的大型平台，有些人甚至要尝试好几次才能勉强通过测试，但在成为正式会员后，答题时的困难反而会成为自发维护社区文化的动力，参与社区交流后，渐渐发展为对B站文化的认同。B站的用户留存率超80%。

答题制度为不同圈子的年轻人提供了相同的社区入口，弹幕则为B站用户增加了无数互动的机会。仅2017年至2019年的3年时间，B站用户发送的总弹幕就超过了34亿次。每一个来到B站的人，都会对B站独特且高质量的弹幕印象深刻。

在B站，看恐怖片时，密密麻麻的弹幕会遮掩恐怖画面，如图1-21所示；欣赏喜剧片时，弹幕会指出可供吐槽的梗；在纪录片或其他分区内，弹幕区总能看见长篇大论的"科普君"的身影。

此外，B站还具有独特的视频种类：互动视频。它极具交互性，用户能通过点击屏幕与视频内容进行互动，营造出一种独特的观看效果。在有剧情的视频中，用户还能通过点击决定视频的故事走向，十分新奇有趣。

图1-21　B站上恐怖片的观影弹幕

图1-22所示为一个测试人格的互动视频，用户可通过点击视频下方的不同按钮，回答相应问题，并进入下一个问题回答页面，直至完成整个测试的问题并得到最终结果，图1-23所示为互动视频的最终页。将鼠标指针放至视频的屏幕下方，会出现互动视频的所有互动页面的快捷跳转按钮，用户可以根据需要跳转，如图1-24所示。

图1-22　互动视频

B站形成了独特的社区生态。答题制度这一门槛让用户进入B站后产生社区意识，弹幕、评论区、动态等平台为用户提供了表达的多种渠道，有趣、互动性强的视频内容则让用户能和不同"UP主"进行交流。

图1-23　互动视频最终页

图1-24　互动视频的跳转界面

正如B站董事长陈睿所说："用户之所以聚在这里，是因为周围的人和你有相同的兴趣和文化共鸣。"独特的社区生态造成了B站用户对B站的喜爱与依赖。数据显示，B站用户的日均使用时长超过88分钟，这是中国互联网中少见的高黏性用户社区。

不断迎合年轻人的喜好

2020年，是B站的11周年。图1-25所示为B站提出的新口号："你感兴趣的视频都在B站。"

十几年来，B站的内容品类在持续增加，变得越来越丰富。过去，B站聚焦于ACG领域；后来国创、番剧、纪录片、电影成了B站前四大专业内容品类，生活区热度上涨；再后来，B站又发展了时尚、VLOG、音乐、科技等分区，紧跟年轻人的兴趣点，对原有内容进行进一步整合，积极拓展自身领域。

2011年便入驻B站的某知名"UP主"便经历了这些转变。图1-26所示为该"UP主"的B站首页，十几年来，他已经积累了将近450万粉丝，累计播放量达到4亿，还开了自己的淘宝店。

图1-25　B站11周年开屏口号

入驻B站初期，该"UP主"投稿的视频内容以MAD（配上音乐的动画剪辑）为主，如图1-27所示。在当时ACG文化占主流的B站，他以出众的视频质量积累了不小的粉丝基数。

图1-26　某知名"UP主"首页

图1-27　该"UP主"早期制作的动画MAD

2019年，随着B站受众增加，生活区一跃成为流量第一区，该"UP主"也尝试了"跨圈"转型，他一方面继续制作精品动画类、漫评类视频，一边向生活区投稿，被粉丝戏称为"打破次元壁"。图1-28为该"UP主"投稿的生活类视频，播放量依旧不凡。

图1-28　生活类视频

2020年6月，B站上线新的一级分区：知识区。通过知识区，用户们可以拓展知识面，钻研专业技能，利用互联网填补知识鸿沟，保持业余的长期学习。而这，正是广大年轻人想要的。该"UP主"也投稿了自己的第一个知识区视频，分享一位全职"UP主"的时间管理心得，该视频的播放量超过130万，在全站的视频排行榜中历史最高排名为第7名，如图1-29所示。

该"UP主"连续几年被评为B站的年度"百大UP主"，颁奖语肯定了他为"破壁"做出的努力，称其"一直在类型上突破自己""善于用镜头讲故事"，这与B站的发展路线不谋而合。粉丝喜爱"UP主"在不同分区分享的内容，也反映出年轻世代兴趣爱好与关注领域的丰富。他们想法活跃，积极接受各种思想。用户群体的兴趣多元化决定了B站内容的多元开放。

图1-29　该"UP主"的第一个知识区视频

杜绝生硬的广告

2014年，B站董事长陈睿发表声明："B站所购买的正版新番（国外动画），永远不会添加广告。并且希望所有的用户都能够在B站看到没有广告的新番，不用浪费若干的15秒、30秒，甚至一分钟的人生。"

他这样说，B站也这样做了。2016年，因与国外版权方协商未果，在B站播放的番剧视频前出现了商业广告，陈睿发布了致歉声明。从那以后，B站仍然延续无贴片广告的作风，图1-30所示为无广告的B站新番画面截图。

图1-30　无须登录也可得到不含广告的观看体验

"去贴片广告"一直是B站的口号和核心竞争力。B站运营前期，没有雄厚的资金支撑宽带支出和版权费用，硬件比不上一线视频网站，只能从提高用户体验着手，"去贴片广告"这一简单直接的举措成了B站的优势特色，留住了大批用户。

当然，B站也有广告推广，不过它们被巧妙地融入了作品和活动。B站品牌营销部总经理王旭提出"CP营销（Content PLUS）"，希望品牌和用户能实现互动共创，利用B站丰富的内容品类（Content），借产品的流量助推效应，同时联动"UP主"、活动、专题，实现营销的倍率加成。图1-31所示为Dove多芬借动漫形象与流行语在B站投放的广告，幽默独特。

图1-31　具有动漫特色，符合年轻人心理

B站的消费潜力是巨大的。用户高度的付费意识让营销变现的成功率大增。B站杜绝生硬广告，在维护社区生态的同时，体现了其发展至今对用户体验的不懈追求。它所营造的社区氛围让B站的广告更显新颖、有趣、亲切。

1.3　注册：迈出百万"UP主"的第一步

B站的使用非常简单，你甚至无须注册就可以搜索、观看感兴趣的视频内容，但是如果你想要获得更高清晰度的画面、想要评论互动或者是更多的B站使用权限的话，就需要注册一个B站账号。

B站账号分为三种：注册成功的账号被称为会员，通过答题或者使用邀请码注册的账号被称为正式会员，付费享受更多权益的账号被称为大会员。

B站会员：新人如何注册B站账号

账号注册是好好使用B站的第一步。接下来以网页版B站账号的注册为例进行展示。

❶ 进入B站之后，在B站首页的最顶端，单击"登录"圆标，如图1-32所示。

图1-32　登录圆标

❷ 单击后会出现登录界面，单击"注册"按钮，如图1-33所示。

❸ 进入如图1-34所示的注册信息填写界面，开始注册流程。

❹ 根据注册界面的显示内容，如图1-35所示，按要求依次将昵称、密码、手机号码、短信验证码信息补充完整后，勾选"我已同意《哔哩哔哩弹幕网用户使用协议》和《哔哩哔哩隐私政策》"复选框，单击下方"注册"按钮即可完成注册。

图1-33　登录界面

图1-34　注册信息填写页

图1-35　填写注册信息

个人认证：提高账号安全系数

账号注册之后可以进行账号认证。如图1-36所示，认证通过之后，可以提高账号的安全系数，用户可以获得搜索优先、官方合作优先、获取商业推广权限和其他账号运营优势。

图1-36　认证优势

登录B站后，在个人中心，可以单击"点此申请bilibili认证"，进入认证页面，如图1-37所示。

图1-38所示为B站认证界面。B站的认证分为"UP主"认证和机构认证两大类，"UP主"认证就是本小节将要展示的个人认证，它适合主体是个人的账号。

图1-37　个人中心的认证入口

图1-38　认证界面

如图1-39所示，"UP主"认证分为知名"UP主"认证身份认证和专栏领域认证三种，用户可以根据自身的申请条件与认证要求的匹配程度，选择合适的认证类型。

图1-39 "UP主认证"的类型

1. 知名"UP主"认证

知名"UP主"认证需要满足四个条件（如图1-40所示）：

（1）账号绑定手机号码；

（2）进行了实名认证；

（3）B站内粉丝数累计10万及以上——粉丝数量真实，互动良好，无不良刷粉行为；

（4）投稿了至少一个视频。

满足条件即可点击"立即认证"按钮，进行认证。

图1-40 "知名UP主认证"条件

> **提示：**"UP主"（即uploader），网络流行词，指在视频网站、论坛、ftp站点上传视频音频文件的人。UP是upload（即上传）的简称，是一个由日本传入的网络词汇。"UP主"一词在国内Acfun、哔哩哔哩、猫耳FM网站被经常使用。

2. 身份认证

身份认证需要满足三个条件（如图1-41所示）：

（1）账号绑定手机号码；

（2）进行了实名认证；

（3）B站外的粉丝数累计50万及以上——包含但不限于海内外具备影响力的主流社交平台、直播平台、内容平台等，需粉丝真实，互动良好。

> **提示：**站内申请账号与站外账号所属及运营方一致，如不一致需补充运营授权证明。

满足条件即可点击"立即认证"按钮，进行认证。

图1-41 身份认证条件

3. 专栏领域认证

专栏领域认证是针对在 B 站发布小说、影评、游戏攻略、娱乐资讯等图文的用户所设置的个人认证种类。如图 1-42 所示，用户通过认证后，可以获得专属标识、编辑推荐、原创保护及其他福利。

将专栏领域认证种类再细分，可分为站外优质图文作者、站内优质专栏作者和专栏活动优胜者三种。这三个类型有不同的申请条件（详细申请条件如图 1-43、图 1-44 所示），用户可以根据自身条件，选择符合条件的种类进行专栏领域认证申请。

图 1-42　专栏认证后的特权

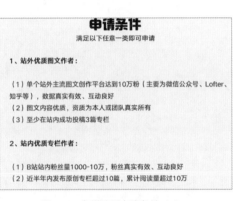

图 1-43　专栏认证申请条件（1）

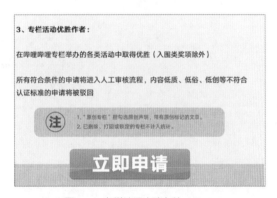

图 1-44　专栏认证申请条件（2）

机构认证：打造官方账号的第一步

除了个人认证之外，B 站还开通了机构认证。某机构组织想要在 B 站运营官方账号，第一步就是进行机构认证。

机构认证分为企业认证、媒体认证、政府认证和组织认证四种（如图 1-45 所示），用户可以根据自身的申请条件与认证要求的匹配程度，选择合适的认证类型。

图 1-45　四类机构认证

1. 企业认证

企业认证适合企业、明星工作室、电竞战队等机构的官方账号进行认证。

❶ 在机构认证中，单击"企业认证"，进入认证信息填写界面，如图 1-46 所示。

❷ 按要求依次填写认证信息，其中昵称、认证称号、运营者身份证姓名、运营者手机号、手机验证码、联系邮箱、营业执照、统一社会信用代码、企业全称、企业分类、注册资金、运营授权确认函的相关信息，是必填项（如图 1-46、图 1-47、图 1-48 所示）。

❸ 确认所填信息无误，勾选同意平台服务协议后，提交申请，如图 1-48 所示，等待审核认证结果。

图 1-46　企业认证信息填写页（1）

图 1-47　企业认证信息填写页（2）

图 1-48　企业认证信息填写页（3）

2. 媒体认证

传统媒体、新媒体、节目频道或影视剧官方账号在B站注册的账号，可以进行媒体认证。

媒体认证与企业认证的认证程序大体一致，在机构认证中，单击"媒体认证"，进入认证信息填写界面，如图1-49所示。

图1-49　媒体认证信息填写页面

按要求填写好认证信息，确认内容无误，勾选同意平台服务协议后，单击页面最下方的"提交申请"（如图1-50所示），等待平台的审核认证结果。

图1-50　提交申请

3. 政府认证

各级各类政府组织、事业单位、公安机关、大使馆等在B站注册账号之后，可以选择"政府认证"进行机构认证。

政府认证与企业认证的认证程序大体一致，在机构认证中，单击"政府认证"，进入认证信息填写界面，如图1-51所示。

图1-51　政府认证信息填写页

按要求填写好认证信息，确认内容无误，勾选同意平台服务协议后，单击页面最下方的"提交申请"（如图1-52所示），等待平台的审核认证结果。

图1-52　提交申请

4. 组织认证

各级各类学校、社会团体、公益组织、居委会等，在B站注册账号后，可以进行组织认证。

在机构认证中，单击"组织认证"选项，进入认证信息填写界面，如图1-53所示。

图1-53　组织认证信息填写页

按要求填写好认证信息，确认内容无误，勾选同意平台服务协议后，单击页面最下方的"提交申请"（如图1-54所示），等待平台的审核认证结果。

图1-54　提交申请

1.4　会员：大会员享受更多特权与便利

B站的正式会员可以通过购买，开通大会员，获得"大会员"身份标识（如图1-55所示），享受更多的特权与便利。大会员可以按月度购买、按季度购买及按年度购买，其中一次性购买一年的被称为年度大会员。

图1-55　大会员身份标识

大会员的特权，主要分为内容特权、装扮特权、身份特权和视听特权四大类。另外，月度大会员与年度大会员都可每月领取漫画券，可领取多款游戏礼包，每月领取B站会员购平台的无门槛优惠，每月可领取B币券用于番剧、充电、购买漫读券等。

内容特权：精品内容抢先看

内容特权主要有半价点播、免费看与抢先看，如图1-56所示。

图1-56　内容特权

装扮特权：全套装扮自定义

装扮特权主要有动态卡片装扮、专属挂件、空间自主头图与评论表情，如图1-57所示。

图1-57　装扮特权

身份特权：特殊标识即刻有

身份特权主要有粉色昵称、漫读券、游戏礼包与会员购，如图1-58所示。

图1-58 身份特权

视听特权：超清流畅随心看

视听特权主要有杜比全景声、真彩HDR、超清看与边下边播，如图1-59所示。

图1-59 视听特权

第2章

内容定位：找准方向
才能勇往直前

  B站始终鼓励"UP主"入驻B站、进行创作，并且开设了几种不同的稿件内容形式。选择适合自己的内容类型与形式，了解清楚，准备齐全，才能为"UP主"生涯筹划出一个满分开局。

  本章针对B站"UP主"的创作、投稿流程与一些投稿小技巧进行详细讲解，希望能对即将开始创作的读者有所助益。

2.1 分区投稿：快速了解B站的内容分区

B站有众多的内容分区，每个分区里是不同的专题内容，面向不同视频取向的B站用户。每个分区的活跃用户有所差异，分区间还会有一定的壁垒，所以选择契合账号内容定位的投稿分区，有利于B站平台方通过大数据算法，把"UP主"的视频推荐给需求契合的受众。

本节将简单介绍B站主要的、具有代表性的9个内容分区，以便读者在后续的创作投稿时，能够选择合适的内容分区。

动画区：各类型的二次创作视频

B站的动画区分为MAD·AMV、MMD·3D、短片·手书·配音、手办·模玩、特摄和综合这6个子分区，如图2-1所示。该分区的内容较多，主要是关于ACG的内容衍生产物，比如动漫杂谈、同人创作等。

图2-1 动画区

1. MAD·AMV

该分区的投稿内容一般是具有一定制作程度的动画或静画的二次创作视频，主要分为MAD和AMV两类视频。

MAD是MAD Movie的简称，指的是将动漫音频或动漫音乐剪辑重组，配合动画或静画，生成一段对动画进行二次创作的视频。

AMV是Anime Music Video的简称，即动画音乐视频，指的是使用二维动画为素材制作的音乐视频。

> **拓展延伸：**二次创作即指使用官方（包括但不限于动画及游戏的OP、ED或PV）或一次素材（未经加工的其他素材）进行的自主再创作。

2. MMD·3D

该分区的内容一般是使用MMD（MikuMikuDance）和其他3D建模类软件制作的视频。这类视频一般是"UP主"根据某个或多个ACG形象作为外形参考进行人物建模后，制作的舞蹈与音乐相结合的视频，有的"UP主"也会进行制作原创的人物建模MMD视频。

图2-2所示为B站某MMD视频的画面截图。

图2-2 某MMD视频的截图

图2-3 某动作配布画面截图

除了上传制作精良的完整MMD视频外，关于制作MMD的配布物视频也可以投稿到该分区，如图2-3所示。比如模型配布、动作配布、场景配布、装饰配布和镜头配布等。

> **拓展延伸：** 配布物指做成MMD视频需要的所有数据，可以理解为制作MMD视频的素材，一般是制作者发布到网上无偿供观众下载的内容。配布物包括人物模型、场景模型、装饰物模型、动作数据、镜头数据、效果文件等内容。

该子分区的自制稿件要求在简介中给出使用的软件名（MMD可不用写），由于配布物涉及版权问题，所以投稿该类建模类视频时，需要提供使用到的模型的配布信息并添加在稿件的tag信息中，如果投稿被举报并且核实所用素材侵权，稿件将被撤下。

转载稿件必须在简介中给出作品的转载来源或链接，注明的来源必须能直接打开看到转载来源视频本身的详细信息。

图2-4 某手书视频画面截图

3. 短片·手书·配音

该分区的内容通常是由"UP主"原创并且具有特色的短片、手书、手绘及ACG相关配音。另外，定格动画、有声漫画也可以投稿到该分区。

手书指使用自己绘制的图片和画面，配上音乐和歌词创作的短片，画面内容可以是临摹或衍生ACG的已有人物场景，也可以是原创的手绘设计，如图2-4所示。

> **提示：** 投稿至该子分区的作品请使用"【配音】+作品名"的类似格式填写标题，手书及短片采用相似的格式填写标题，便于用户搜索及稿件展示。

4. 手办·模玩

该分区里的内容是关于手办和模玩的测评、改造及其他衍生内容，包括但不限于围绕手办、模型、玩具或以手办模玩为素材制作的定格动画、技术科普等衍生创作内容。

手办、模型、周边、乐高、超轻黏土等开箱与制作的内容，是手办·模玩分区的高人气内容，"UP主"创作相关内容后，可以投稿到该子分区，如图2-5所示。

图2-5　手办分区标签

5. 特摄

该分区里主要是特摄片官方出品的相关衍生内容与以特摄片为素材且具有一定制作程度的二次创作视频。比如关于奥特曼、哥斯拉、假面骑士等经典特色影片的解说、介绍、剪辑和周边产品测评的视频，可以投稿至该子分区。

> **拓展延伸：** 特摄是特摄片的简称，最初是指运用了特殊技术而拍成的影片。特摄片是一个日本电影类型，也是日本最具有国际知名度的技术与产品，其代表《奥特曼》《假面骑士》《超级战队》《哥斯拉》系列是日本知名的国际流行文化象征之一。

6. 综合

该分区里的内容最为多样，包括但不限于音频替换、杂谈、动画吐槽、排行榜等内容。只要是以动画及动画相关内容为素材的视频，在内容不适合其他动画子分区时，就可以向综合分区投稿。

游戏区：在简介中给出游戏名称

游戏区下设单机游戏、电子竞技、手机游戏、网络游戏、桌游棋牌、GMV、音游、Mugen、游戏赛事这9个子分区，如图2-6所示。

图2-6　游戏区

1. 单机游戏

该分区的内容以所有平台的单机或联机游戏视频为主，包括游戏预告、CG、实况解说及相关的测评、杂谈与视频剪辑等。

2. 电子竞技

该分区里的内容全部都是关于具有高对抗性的电子竞技游戏项目，包括其相关的赛事、实况、解说、攻略、短剧等视频内容。

3. 手机游戏

该分区内容是关于以手机及平板设备为主要平台的游戏，包括其相关的赛事、实况、解说、攻略、短剧等视频内容。

4. 网络游戏

该分区是关于由网络运营商运营的多人在线游戏，以及电子竞技相关的游戏内容，包括赛事、实况、解说、攻略等视频内容。

5. 桌游棋牌

该分区接受桌游、棋牌、卡牌对战、聚会游戏等视频的投稿，包括线上电子游戏和线下实体游戏的相关内容。

6. GMV

该分区收录由游戏素材制作的MV视频，其中主要是以游戏内容或CG为主制作的、具有一定创作程度的MV类型的视频。

7. 音游

该分区的内容为配合音乐与节奏而进行的音乐类游戏视频，比如跳舞的线、节奏大师、太鼓达人等高人气音游的视频。

8. Mugen

该分区的内容为以Mugen引擎为平台制作或与Mugen相关的游戏视频。该分区的热门题材有拳皇、大乱斗等经典Mugen游戏。

> **拓展延伸：** Mugen是一款由美国的Elecbyte小组使用C语言与Allegro程序库开发的免费2D格斗游戏引擎，有分别在DOS、Windows和Linux等操作系统上运行的版本。Mugen以格斗类游戏角色对战为主要功能，可由各人喜好搭载制作不同的格斗游戏人物对战。

9. 游戏赛事

游戏赛事子分区即B站的赛事版块，用户在游戏区单击"游戏赛事"，会自动跳转至赛事版块的首页。

音乐区：推荐按照曲目分P投稿

音乐区也有详细的音乐内容划分，并设立了10个子分区，如图2-7所示，分别是原创音乐、翻唱、VOCALOID・UTAU、电音、演奏、MV、音乐现场、音乐综合、音频和说唱。其中，专辑类视频推荐按照曲目分P投稿，通常分P就是将好几个视频放在一个网址里面，方便用户观看。

图2-7 音乐区

1. VOCALOID・UTAU

该子分区里的投稿视频，以VOCALOID和UTAU这两款语音合成软件制作的电子音乐为主要内容。有关洛天依、乐正绫、初音未来、镜音双子等大热虚拟歌手的视频内容，或是由"UP主"使用这两款软件制作的音乐视频，都可以投稿到该分区。

此外，使用MUTA引擎制作的歌曲也可以投稿至该子分区。

> **拓展延伸：** VOCALOID是雅马哈公司开发的电子音乐制作语音合成软件。在软件中输入音调和歌词，就可以合成出人类声音的歌声。
>
> UTAU是一款由饴屋/菖蒲氏开发的免费的歌声合成软件，在该软件数据库登录之后，使用50音或汉语音节等声音数据的人声资料，便可用该声音合成歌曲，开发虚拟歌手。
>
> MUTA是一款国产的虚拟歌姬软件，使用该软件用户可以通过自己输入汉字和控制音律从电脑中快速听到自己创作的歌曲。

2. 音频

该子分区的内容和专业的听歌软件相似，设有排行榜和歌单推荐等内容，如图 2-8 所示，歌单内容都是由用户自主创建发布的。

"UP 主"可以将自制的音频形式的音乐内容上传到该分区，并有机会获得用户的投币支持，如图 2-9 所示。

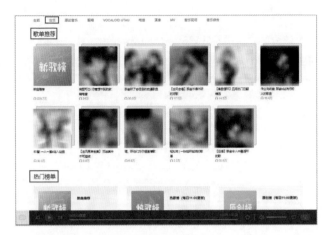

图 2-8　音频区

图 2-9　投币

舞蹈区：以舞蹈为主的相关内容

舞蹈区以舞蹈为主要内容，包括练习室、舞蹈 MV、翻跳、即兴、杂谈等，共设立了 6 个子分区，如图 2-10 所示，分别是宅舞、街舞、明星舞蹈、中国舞、舞蹈综合及舞蹈教程。

图 2-10　舞蹈区

1. 宅舞

该子分区主要收录以 ACG 音乐为 BGM 的翻跳与原创舞蹈。

2. 街舞

该子分区收录街舞相关内容，包括赛事现场、舞室作品、个人翻跳、FREESTYLE 等。

3. 明星舞蹈

该子分区主要收录国内外明星发布的官方舞蹈及其翻跳等内容。

4. 中国舞

传承中国艺术文化的内容的稿件可以投稿至该子分区，包括古典舞、民族民间舞、汉唐舞、古风舞等。

5. 舞蹈教程

该子分区收录镜面慢速、动作分解、基础教程等具有教学意义的舞蹈视频。

6. 舞蹈综合

该子分区收录无法定义到其他舞蹈子分区的舞蹈类视频。

娱乐区：三次元娱乐相关的动态

娱乐区的分类比较简单，分设了综艺、娱乐杂谈、粉丝创作和明星综合共4个子分区，如图2-11所示。

1. 综艺

该子分区收录国内外电视节目或网播综艺正片及花絮、片段等短视频稿件，节目形式包括但不限于真人秀、脱口秀、选秀、晚会颁奖典礼、访谈、挑战类等。

图2-11　娱乐区

2. 娱乐杂谈

该分区的稿件主要是与娱乐人物解读、娱乐热点点评、娱乐行业分析相关的内容。

3. 粉丝创作

该子分区的主要内容为粉丝向创作稿件，是在B站平台内广受欢迎的视频创作类型。

拓展延伸： 粉丝向创作是指主要面向粉丝群体的创作以及创作者站在粉丝的角度的创作。例如，粉丝创作中热门的安利向视频，主要是指"UP主"以展示、推荐为目的制作给大众观看的视频稿件。图2-12所示为B站安利向稿件示例。

【安利向】█████入门介绍

▶ 44.5万　⏱ 2016-04-07

【█████】给我一首歌的时间，我要向全世界安利

▶ 670.2万　⏱ 2019-06-27

图2-12　B站安利向稿件示例

4. 明星综合

三次元娱乐明星相关的动态、资讯、粉丝向剪辑视频等，可投稿至该子分区。

生活区：转载时需给出转载信息

生活区涵盖内容领域广，可以涉及每一个用户的浏览需求，所以目前是B站日活量位居前列的分区。B站把最为热门的搞笑、家居房产、手工、绘画都单独设立了子分区，除此之外的生活类视频，可以投稿到日常子分区，如图2-13所示。

图2-13　生活区

1. 搞笑

该子分区接收各类搞笑视频投稿，包括但不限于搞笑挑战、搞笑表演、搞笑剪辑、搞笑配音、搞笑吐槽、沙雕视频。

2. 家居房产

该子分区接收与买房、装修、居家生活相关的稿件，包括但不限于房产解读、购房经验、家装设计、装修记录、家具家电、智能家居、园艺绿植、家务收纳、room tour、居家好物等的记录、测评和科普。

3. 手工

有关手工制品的制作过程或成品展示、教程类视频可投稿至该子分区，比如木工雕塑、家装拼接、黏土物件、折纸剪纸、手账等视频内容。

4. 绘画

该子分区接收绘画过程、绘画教程、绘画画材测评等一切和绘画相关的视频，内容包括原创、同人、二次创作及标明出处的搬运转载。

5. 日常

其他4个分区之外的生活类稿件，都可以投至日常子分区，例如COSPLAY、漫展、日常向、图包等视频内容。

知识区：包罗万象人文科学

知识区下设有科学科普、社科·法律·心理、人文历史、财经商业、校园学习、职业职场、设计·创意、野生技能协会8个子分区，如图2-14所示。

图2-14　知识区

1. 科学科普

该子分区主要为以自然科学或基于自然科学思维展开的知识视频，包括但不限于数理化、天文宇宙、医学健康、环境生态、地球科学等内容。

注意，发布医学健康内容的"UP主"必须通过医学学历或医生资质认证。

2. 社科·法律·心理

该子分区接收基于社会科学、法学、心理学展开或个人观点输出的知识视频。

3. 人文历史

基于人文社会与历史事件的知识视频可以投稿至该子分区。

4. 财经商业

与财经、金融、经济、商业、互联网相关的知识视频可以投稿至该子分区。

注意，在该分区涉及讨论金融市场和产品时，不倡导发布投资建议类内容。

5. 校园学习

该子分区主要为学习经验、课程教学、校园干货分享等相关内容。

6. 职业职场

该子分区主要为职场技能、证书考级、求职规划、行业知识等相关内容。

7. 设计·创意

基于设计美学或基于设计思维展开的知识视频可以投稿至该子分区。

8. 野生技能协会

该子分区主要为技能展示或技能教学分享类视频。

时尚区：美妆服饰潮流风向标

时尚区下设有美妆护肤、穿搭、时尚潮流3个子分区，如图2-15所示。

1. 美妆护肤

该子分区收录彩妆护肤、美甲美发、仿妆、医美等相关内容的分享与测评。

2. 穿搭

有关穿搭风格和技巧的展示分享内容投稿至该子分区，包括但不限于衣服、鞋靴、箱包配件、配饰（帽子、钟表、珠宝首饰）等。

图2-15　时尚区

3. 时尚潮流

该子分区的内容主要是时尚街拍、时装周、时尚大片、时尚品牌、潮流等行业相关记录和知识科普。时尚品牌媒体发布会现场、KOL专访的相关稿件也可投稿至该分区。

鬼畜区：以音频调教创作为主体

鬼畜区的内容以音频的修改创作为主体，除鬼畜剧外，要求素材的创作和BGM有节奏同步。由于此类视频属于二次创作，所有"UP主"需要在投稿时在简介中注明稿件所使用的BGM和素材。

该分区下设有鬼畜调教、音MAD、人力VOCALOID、鬼畜剧场、教程演示5个子分区，如图2-16所示。

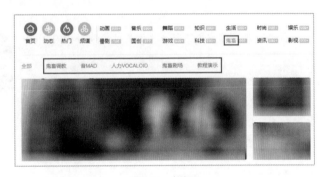

图2-16　鬼畜区

> **拓展延伸：** 鬼畜，指的是一种视频网站上较为常见的原创视频类型，该类视频以高度同步、快速重复的素材配合节奏感强的BGM达到极具喜感的效果，或者通过视频（或音频）剪辑，用频率极高的重复画面（或声音）组合而成的一段节奏配合音画同步率极高的一类视频。

1. 鬼畜调教

使用素材在音频、画面上做处理，使画面、音频、BGM三者产生一定同步感的稿件，可以投稿至该子分区。

2. 音MAD

使用素材音频进行一定的二次创作来达到还原原曲的非商业性质稿件可以投稿至该子分区。

3. 人力VOCALOID

将人物或者角色的无伴奏素材进行人工调音，使其就像VOCALOID一样唱歌，制作而成的音频就是人力VOCALOID。这类人力VOCALOID统一投稿至该分区。

4. 鬼畜剧场

使用视频和音频素材进行人工剪辑编排的有

剧情的视频作品可以投稿至该子分区。

5. 教程演示

鬼畜相关的教程演示稿件可以投稿至该子分区。

2.2 投稿方式：随时随地投放创意和灵感

了解了B站的不同内容分区后，接着来了解B站的投稿方式。"UP主"要了解相关的稿件类型、投稿流程，并准备相应的稿件材料，以保证投稿顺利。本节介绍视频投稿、专栏投稿、音频投稿、联合投稿、手机投稿、字幕投稿这6类投稿方式。

视频投稿：B站主流的投稿方式

视频投稿是B站的主流投稿方式，在进行投稿前，建议UP主事先在各类剪辑软件上将稿件编辑完成，再将完整的视频作品上传至B站。下面将分步骤介绍B站视频稿件的投稿流程。

❶ 打开B站主页，登录账号。将鼠标指针停留在页面右上角的"投稿"处，如图2-17所示。

图2-17 投稿

❷ 在出现的浮窗中，单击"视频投稿"，如图2-18所示。

图2-18 视频投稿

❸ 跳转至图2-19所示页面，单击"上传视频"。

图2-19 上传视频

❹ 选择要投稿的视频文件，上传并等候，进度条变绿，出现"上传完成"标识时表示完成上传，如图2-20所示。

图2-20 上传完成

提示：B站对视频稿件有所规范。

在视频文件大小方面，稿件的大小最多为8GB，若"UP主"的创作力达到15分，且信用分不低于80分，则可享受网页端投稿16GB超大文件的权限。稿件的时长最长为10小时。

在视频音画方面，建议视频码率为20000kbit/s，音频码率上限为320kbit/s，分辨率最大支持4096×4096像素，即120fps，关键帧要求平均至少10s一个。

在视频格式方面，支持MP4、FLV、AVI、WMV、MOV、WEBM、MPEG4、TS、MPG、RM、RMVB、MKV格式，采用MP4、FLV格式可有效缩短审核时长。

❺ 设置稿件的基本信息，如图2-21所示，需要设置视频封面、类型、标题、分区、标签5个必选项，简介、参与活动等其他内容可选填。

图2-21　设置稿件基本信息

❻ 视频稿件的基本信息设置完成后，单击"立即投稿"，如图2-22所示，完成视频投稿。

通过定时发布功能，可以选定稿件的发布时间，如图2-23所示。定时发布时间最早需要在投稿时间的4小时后，最长可以在投稿15天后发布。

图2-22　立即投稿

图2-23　定时发布

投稿完成后，会自动跳转如图2-24所示的稿件投递成功窗口，单击页面左下角的"查看稿件"可查看稿件审核状态。

图2-24　查看稿件

退出稿件投递成功页面后，"UP主"可以进入创作中心"内容管理"中的"稿件管理"页面，在"视频管理"中查看稿件状态，如图2-25所示。成功发布的稿件会显示"审核通过"的字样。

图2-25　审核进度

专栏投稿：传统文字也能写出新意

投稿以文字内容为主的专栏时，建议"UP主"先在Word等软件上修改好文章，拟定终稿后直接将文件复制粘贴到B站的专栏投稿页面，再在编辑页面添加图片，设置加粗等特殊格式。

需要注意的是，B站的专栏投稿的内容可以涉及众多分区内容，但是不接受社会新闻、泛时政类的相关话题稿件。

下面介绍专栏投稿的具体流程步骤。

❶ 登录B站主页后，在右上角"投稿"处静置鼠标指针，出现浮窗后，单击"专栏投稿"，如图2-26所示。

图2-26　打开专栏投稿

❷ 进入专栏投稿的内容编辑页面，如图2-27所示。

图2-27　专栏编辑页

❸ 编辑专栏稿件的内容，按要求依次输入标题、正文，选择专栏投稿分区与封面，如图 2-28 所示。

专栏稿件的标题最多可输入 40 个字，建议输入 30 个字以内的标题。专栏稿件的正文版式为图文混排，如图 2-29 所示，字数限制在 200～20000。

图 2-28　编辑专栏稿件

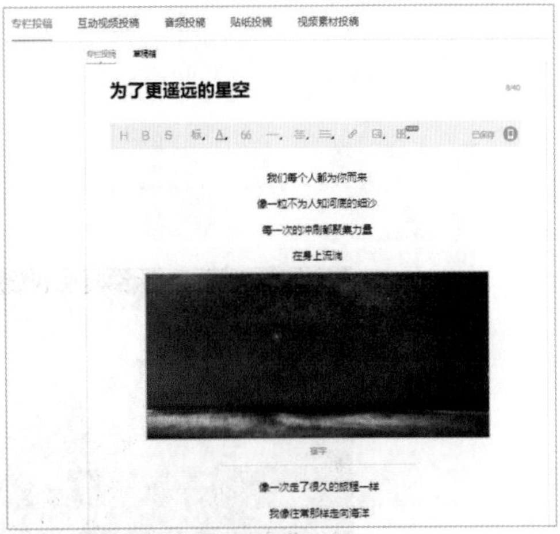

图 2-29　图文混排

注意，专栏正文应做到内容完整、主题清晰、排版格式有序，图 2-30 所示为文字编辑工具栏。

同时，在正文中还支持 B 站站内的视频、文章、番剧等其他内容的引用，如图 2-31 所示。

图 2-32 所示为引用 B 站站内视频的内容设置页面，"UP 主"直接在文字输入框输入想要引用的视频内容的 bv 号、av 号或视频链接，再单击"确定"即可完成视频内容的引用。

图 2-30　工具栏

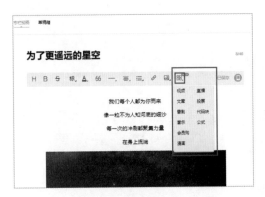

图 2-31　引用内容

图 2-32　站内链接

拓展延伸： av号是指每个B站视频对应的、"av+数字"形式的编码，相当于这个视频的代号。av号是由B站平台系统自动生成的，具有唯一性，用户可以在B站通过搜索av号来直接找到对应视频。

2020年，B站官方宣布将视频编码由av号改为bv号，以前的稿件，还是可以通过搜索av号的方式找到，老链接保持不变，但是会在视频信息处匹配一个新的bv号替换上去。av号和bv号的区别仅在于序号的组成形式。av号是由"av+数字"组成，而更改升级后的bv号则是由"bv+混合排列的数字、大小写字母"组成。

图2-33所示为B站视频的bv号显示示例。

图2-33　B站视频的bv号显示示例

B站专栏稿件有动画、游戏、影视、生活、兴趣、轻小说、科技7个分类可选，各分类下又各设有子分类，如图2-34所示。专栏分类不是必选项，若"UP主"不选择专栏分类，稿件将默认进入生活分类的日常子分类。

专栏封面可点击预览页面的右下角的图图标进行更换，如图2-35所示，可以设置单图封面或三图封面。

图2-34　专栏分类

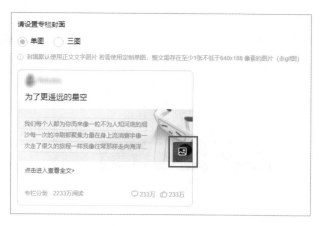

图2-35　设置专栏封面

"UP主"在编辑专栏稿件内容、设置好专栏封面后，可以在编辑页面的下方看到当前稿件内容投稿后的显示效果，如图2-36所示。

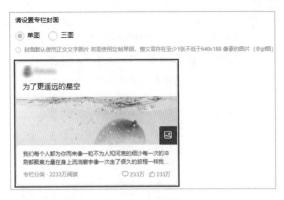

图2-36　内容预览

❹"UP主"可根据实际需要，选填专栏头图、封面视频、标签、文集、发布时间等内容，如图2-37所示。

图2-37　更多设置

❺ 稿件内容编辑完成后，根据实际情况勾选文章原创说明。"UP主"可以选择"提交文章""存草稿""手机端预览"或"网页端预览"，如图2-38所示。

图2-38　提交或预览稿件

稿件提交后，会自动跳转至创作中心的"稿件管理"，如图 2-39 所示，"UP主"可在此界面查看稿件的审核进度。审核通过、成功投稿后，会显示"审核通过"的字样。

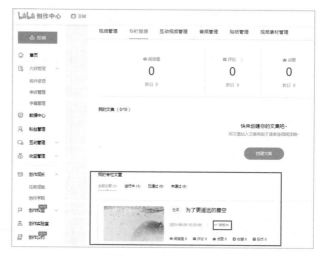

图 2-39　稿件审核进度

提示：有关《哔哩哔哩专栏内容上传协议》与《哔哩哔哩专栏规范》的勾选是系统默认的，若取消该项勾选，将无法进行投稿操作，如图2-40所示。

图 2-40　取消勾选，无法投稿

图 2-41 所示为专栏稿件的网页端预览界面。

图 2-42 所示为专栏稿件的手机端预览界面。

图 2-41　网页端预览

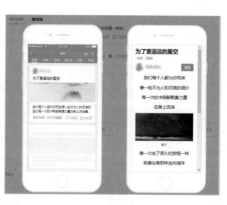

图 2-42　手机端预览

"UP主"可以通过预览投稿后的显示画面，调整稿件内容的布局排版。

存草稿的稿件可以在专栏投稿的草稿箱中查看，可以继续编辑稿件或是直接删除，如图2-43所示。

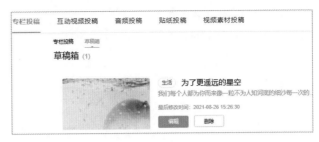

图2-43　专栏投稿的草稿箱

音频投稿：天籁之声征服观众耳朵

音频投稿分为合辑投稿和单曲投稿两种，如图2-44和图2-45所示。"UP主"可以设置一个合辑主体，将同主题的音频稿件收入同一合辑之中，便于用户收听。

图2-44　合辑投稿

图2-45　单曲投稿

下面以单曲投稿为例介绍投稿流程。音频稿件的投稿流程与视频投稿和专栏投稿的流程相似，所以这里仅简单介绍音频稿件的投稿流程。

❶ 打开B站主页，登录账号。将鼠标指针停留在页面右上角的"投稿"处，出现如图2-46所示浮窗，单击"音频投稿"。

图2-46　音频投稿

❷ 在跳转的音频投稿页面中，单击"上传单曲"，如图2-47所示。

图2-47 上传单曲

拓展延伸： 有别于主站以往的稿件，音频区只接受音频文件投稿，投稿页面无法直接上传视频文件。所以，"UP主"如果想投稿某个视频内容中的音频部分，请通过视频编辑软件，将音轨单独导出，方可投稿。

另外，B站对音频稿件的文件格式有所规范。

在音频文件大小方面，规定最大不能超过200MB。

在音频格式方面，要求为MP3、WMA、FLAC、WAV格式，其他格式的音频稿件需要事先进行格式转化处理。

在码率方面，要求音频码率不超过400kbit/s，否则系统会压缩音频码率。

在音质方面，平台统一将稿件音质输出为192kbit/s。

---

❸ 上传规范的音频文件后，等候文件上传完成，如图2-48所示。

图2-48 音频上传完成

提示： B站的音频投稿暂不支持搬运内容。

---

❹ 编辑音频稿件的基本信息，如图2-49所示。稿件的基本信息包括封面、分类、标题、关联视频、标签、简介等。

图2-49 编辑稿件信息

❺ 稿件信息编辑完成，并确认无误后，单击页面下方的"提交稿件"，如图2-50所示，完成音频投稿。

图2-50　提交稿件

成功投稿音频稿件后，"UP主"可以在创作中心的"音频稿件"区看到投稿的音频稿件，和视频投稿的操作基本一致。在这里可以查看音频稿件的审核状态，也可以对音频稿件进行编辑和删除操作。

稿件审核通过，即可在哔哩哔哩客户端的音频区收听该内容。如果审核不通过，"UP主"在创作中心可以看到审核不通过的原因。审核不通过的稿件，只能修改后，当作全新稿件重新提交。

联合投稿：多份力量创作更多内容

联合投稿是一种由"UP主"发起，邀请创作团队成员一起参与，在"UP主"和STAFF双方确认合作关系后，稿件同时附带"UP主"和STAFF信息的一种投稿方式。图2-51所示为B站某联合投稿的观看界面。

图2-51　联合投稿

> **拓展延伸：**STAFF是和"UP主"合作，一起创作稿件内容的制作人员，一个联合投稿稿件最多可设置10名STAFF。

联合投稿仅适用于网页端的视频稿件投稿。联合投稿功能的使用有一定要求。"UP主"符合创作力或影响力的任一分数达到70分，且信用分不低于90分（以申请时的电磁力为准）的条件，就可以自动开通联合投稿功能。该功能要求仅限定投稿的"UP主"，对被邀请STAFF无电磁力分数要求。

"UP主"的电磁力下降至不满足联合投稿开通要求后，会失去联合投稿权限。"UP主"提高电磁力分数后，将再次获得联合投稿权限。

> **拓展延伸：**电磁力的查询。
> 电磁力是综合评估"UP主"能力的数值体系，包括创作力、影响力、信用分三项。
> 电磁力可以帮助"UP主"自查近期创作表现，同时还将决定"UP主"是否享有特定权限，如创作激励、版权保护、联合投稿、评论精选等。

◆ 网页端：进入创作中心的"创作实验室"，如图2-52所示，有一栏"电磁力"内容，"UP主"可点击查看自己的电磁力等级。

图2-52　创作实验室

◆ 手机App端：从"我的"进入"创作首页"，点击"更多功能"，进入"创作实验室"，即可查看电磁力，如图2-53和图2-54所示。

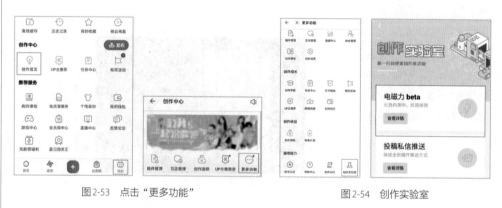

图2-53　点击"更多功能"　　　　　　　　　　　　　　图2-54　创作实验室

目前，只有"UP主"会获得联合投稿的稿件数据（播放、评论、收藏等）和激励收益，建议在投稿前，团队内部自行商议收益分配。

> **拓展延伸：** 每位"UP主"，一月只能联合投稿6次，每个自然月1日开始至当月最后一天为一次计算周期。

合作稿件会默认开启定时投稿，定时为当前时间的4小时之后，可以根据实际需要延长定时时间，不可以取消定时。

手机投稿：手机也能随时上传视频

随着功能的拓展升级需要，B站开通了手机投稿功能，使得各位"UP主"利用手机就可以随时上传视频，并且手机投稿处也有稿件的剪辑处理功能。

手机投稿有两个入口。

◆ 入口一

打开手机App，如图2-55所示，点击下方⊕，出现图2-56所示画面，选择"上传"即可开始手机投稿流程。

◆ 入口二

打开手机App，点击右下角"我的"，如图2-57所示，点击"发布"即可开始手机投稿流程。

两个入口的投稿流程基本一致，下面以入口二的手机投稿流程为例，展示手机投稿的操作流程。

图2-55　点击下方⊕

图2-56　选择"上传"

图2-57　发布

❶ 点击"发布"后，出现如图2-58所示界面，"UP主"可以根据稿件类型，选择相应的投稿类型。本示例以视频投稿为例，所以选择"上传视频"。

❷ 跳转至如图2-59所示画面，"UP主"可选择计划编辑上传的视频素材。然后，单击页面右上角的"下一步"，如图2-60所示。

图2-58　选择投稿类型

图2-59　上传视频

图2-60　选择素材

❸ 开始后期制作要投稿的视频稿件。在投稿界面的最下方有编辑工具栏，如图2-61所示，"UP主"可以对视频素材进行关于剪辑、互动工具、音乐、文字、贴纸、主题、滤镜和录音等8个方面的后期制作。

图2-62所示为剪辑功能的各项内容。

图2-61　编辑工具栏

图2-62　剪辑

图2-63所示为互动工具功能的内容。

图2-64所示为音乐功能的各项内容，点击"添加"可进入B站的视频曲库，浏览或搜索心仪的视频配乐。

如图2-65所示，B站曲库根据不同的音乐类型，进行了音乐内容划分，"UP主"可直接根据视频内容，在适配的音乐类型分区中选取配乐。

图2-63　互动工具

图2-64　音乐

图2-65　音乐曲库

图2-66所示为文字功能的各项内容。

图2-67所示为贴纸功能的各项内容。

图2-66　文字　　　　　　　　　　　　图2-67　贴纸

图2-68所示为主题功能的各项内容。

图2-69所示为滤镜功能的使用界面，有多个主题内容的现有滤镜供"UP主"选用，例如人物、电影、风景等。除此之外，"UP主"还可以根据实际编辑需求，自定义视频滤镜。图2-70所示为自定义滤镜的编辑页面。

图2-68　主题　　　　　　图2-69　滤镜功能使用界面　　　　图2-70　自定义滤镜的编辑界面

图2-71所示为录音功能的使用界面，"UP主"可以通过录音为视频素材进行后期的配音处理。

❹ 完成视频内容的编辑后，如图2-72所示，点击页面右上角的"下一步"，进入稿件信息编辑页。

图2-71　录音　　　　　　　　图2-72　点击"下一步"

如需将稿件存入草稿，可在视频编辑页面和视频发布页，点击右上角的"存草稿"，出现如图2-73所示的提示信息，即完成草稿保存。退出编辑后，下次可从草稿中继续编辑视频素材，进行上传操作。

❺ 进入图2-74所示的稿件信息编辑页，按要求修改封面，填写好标题、分区、类型、标签等信息，勾选好《哔哩哔哩创作公约》条目后，点击"发布"即可。

手机投稿和网页端投稿一样，发布视频需要等待平台审核，审核成功后，视频稿件就算是投稿成功。纪录片区、电视剧区、番剧区暂不接受分区投稿，其余子分区都支持专栏投稿。

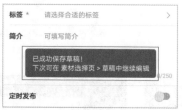

图2-73　保存草稿

图2-74　发布视频

字幕投稿："字幕君"的专属弹幕体

B站已经拓展了字幕投稿方式，不过这个投稿仅支持观众在网页端进行投稿。只要"UP主"投稿视频是勾选了"允许观众投稿字幕"，观众就可以向该视频投稿字幕。

图2-75所示为B站某视频里的字幕投稿显示画面。

❶ 单击视频播放器右下方的"字幕"，单击"添加字幕"，如图2-76所示，开始投稿字幕的编辑。

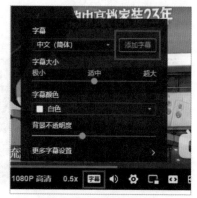

图2-75　字幕投稿

图2-76　添加字幕

❷ 自动跳转至创作中心的"字幕管理",选择想要投稿的字幕语言,如图2-77所示。

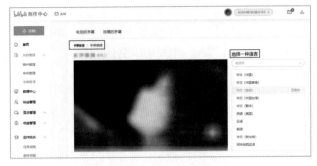

图2-77　选择字幕语言

❸ 本示例以中文(简体)操作示范,选定语言后,如图2-78所示,单击"编辑"。

图2-78　选定语言

❹ 在字幕编辑栏输入想要投稿的内容,编辑完成后可以拖动视频时间轴,将字幕投稿至合适的画面位置,如图2-79所示。字幕稿件编辑完成后,单击右上角的"提交"即可。

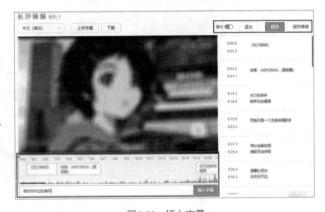

图2-79　插入字幕

字幕稿件编辑提交后,会自动跳转到图2-80所示的"投稿的字幕"页面。字幕稿件编辑完成并提交后,需要经过B站平台审核,审核通过便投稿成功。

图2-80　待审核的字幕投稿

创作者可随时进入"创作中心"中"字幕管理"栏中的"投稿的字幕"查看字幕稿件的投稿进度。字幕投稿未审核发布时，用户可以随时删除字幕稿件。如果字幕稿件已经发布成功，用户需要联系"UP主"或客服先退回相应的字幕投稿，再进行删除。

除了在线编辑的字幕投稿外，还可以在编辑器中选择上传"ASS"文件，但需要注意的是，B站的字幕存在转换限制，字幕的时间区间不可以重叠。

创作者可以进入"创作中心"中"互动管理"栏的"弹幕管理"，在"稿件弹幕"中管理自己投稿的字幕稿件，如图2-81所示。

图2-81　稿件管理

作为观众给"UP主"的视频进行字幕投稿后，稿件内容由B站管理员以及该"UP主"进行稿件审核。"UP主"可以随时给自己的视频投稿增加字幕。

2.3　投稿规范：学习正确投稿的姿势

B站的投稿方式多样，但最主要的还是视频稿件的投稿。所以，本节内容以视频稿件的投稿为示例，从封面、分区、标题、类型、标签、简介、上传7方面来介绍投稿规范，帮助读者更好地进行稿件内容设置，更好地帮助视频获取流量，让更多的观众看见。

封面：夺取用户视线的第一步

B站视频是以卡片形式向用户推送的（如图2-82所示），所以观众对一个视频内容的认知，第一印象是来源于封面和标题。而封面，又会比标题更加能够吸引观众的注意力，因此，一个合适吸睛的封面，是夺取用户视线的第一步。

图2-82　卡片形式

封面图内容应与视频主体内容一致，或者为视频内容的截图，但不能使用动态图片。另外，封面图内容不能含有禁止发布的信息，包括但不限于色情、恶心、国旗、政治等相关内容。

视频稿件上传后，封面会默认为视频中的一帧，如图2-83所示。下面简单介绍稿件的封面设置步骤。

图2-83　默认封面

❶ 单击默认封面左下角的"上传封面"，如图2-84所示。

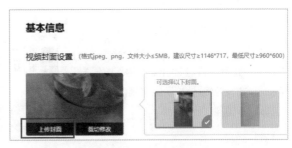

图2-84　上传封面

❷ 选择尺寸大于1146×717像素的高清图片，单击"确认"，如图2-85所示，完成封面上传。

图2-86所示为封面上传后的显示效果。

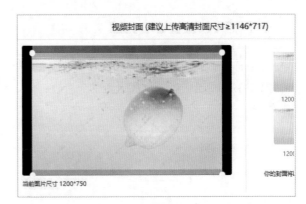

图2-85　调整封面尺寸

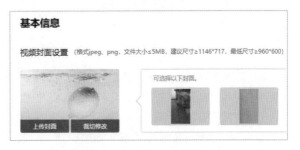

图2-86　封面上传后的显示效果

❸ 单击封面图片右下角的"裁剪修改",可以对封面进行裁剪,调整显示效果。封面裁剪修改完成后,稿件的封面就设置完毕了,如图2-87所示。

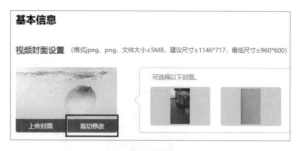

图2-87　裁剪修改

分区:投递到正确频道很重要

视频投稿成功后,会显示在对应投稿分区的"最新投稿"一栏,如图2-88所示。这样的设置可以将对应稿件内容精准推送至相应的内容受众处,所以将稿件投递到正确频道很重要。

图2-88　分区的最新投稿

在稿件的编辑信息页面,有"分区"一栏,如图2-89所示,"UP主"可在此处选择与稿件内容对应的内容分区。用户投稿时常选的分区,会自动出现在最上面的"推荐选择"中。

图2-89　设置分区

> **提示:** 投稿时请正确选择稿件的所属分区,稿件一经通过,"UP主"将不能修改分区。若投稿分区与稿件内容不符合,稿件将被退回,要求重新分区。

标题:字符少+好理解+易搜索

B站支持内容索引,并且在投稿时会提醒"UP主"按照投稿分区的内容进行标题的编写。"UP主"一定要在标题中显示稿件内容的关键字,以便用户搜索,提高对潜在观众的吸引度。

好的标题能够吸引观众兴趣,由于版面有限,建议标题字数控制在30以内,显示的效果最佳,最多可以输入40个字。注意,标题需要突出内容亮点,但是不能做"标题党"。

笔者在这里列举几个稿件标题示例供大家思考。

◆ 60分钟看完XXX所有剧情!史上最全时间线整理!

◆【踩点/混剪/高燃】前方高能踩点视觉盛宴XXX开播20周年纪念

◆【鼓乐】耳机开最大 来听千军万马！

◆ 和大家聊聊XXX

类型：自制还是转载要分清楚

B站稿件根据制作者的不同，分为自制投稿和转载投稿。

搬运和转载视频一律选择转载，个人原创作品或二次创作作品可选择自制。建议转载稿件表明来源，例如原视频的网址、创作者和作品名，如图2-90所示。

图2-90　说明转载来源

另外要注意，对其他视频进行片段截取、慢速播放等简单剪辑的稿件，属于转载稿件。对某一个活动现场、live现场进行单纯录制后制作的稿件也属于转载稿件。

以舞蹈区的舞蹈教程为例。

"UP主"针对某首歌曲进行编舞并制作舞蹈教程稿件，或是单纯针对某首歌曲的表演舞蹈进行翻跳并制作舞蹈教程稿件，属于自制稿件。

"UP主"将他人制作或录制的舞蹈教程进行截取、镜像、慢速播放等处理所制成的稿件，属于转载稿件。这类稿件需要注明原素材的相关信息、视频链接等，若是原素材的发布平台为B站，建议补充注明素材的视频编号。

标签：合理选择获得更多曝光

标签是对视频稿件的另一种描述，提供了更加准确具体、更多维度的关键内容标记，能够自由、精准地补全视频稿件的信息，其作用主要体现在搜索和视频互相推荐上。添加当下比较火热的相关标签，可以增加视频的曝光率。

根据视频的内容，列出最具有代表性的描述作为相应的标签，包括但不限于视频中涉及的人物、团体、概念、视频本身的属性等。尽量使用简单、精练的词语或短语。

B站的一个视频，最多添加10个标签。建议"UP主"不要填写含义模糊不清的词语、无意义的纯数字或特殊符号的组合作为标签。

除推荐标签外，可自行输入不超过20个字的标签内容，再按Enter键添加。如图2-91所示，"UP主"还可以在推荐标签下方添加活动标签，参与对应活动，如"我的夏日活动记录"。单个视频作品只可参与一个活动。

注意，稿件内容与所选活动标签不符可能会被退回。

图2-91　设置标签

简介：最长250字的发挥空间

对于投稿内容的任何相关说明都可以写在简介中，最多可发表250字。原则上不限制内容的形式，但禁止发表涉及敏感内容或是侮辱性的言论。

视频简介中，除了简单介绍视频主题以及创作初衷外，建议"UP主"将在创作视频时使用到的素材（如音乐、图片、视频、文素等）的来源或原作者，进行标注，也可以直接贴上原素材的地址，如图2-92所示。

图2-92　简介示例

上传："UP主"必备的哔哩哔哩投稿工具

哔哩哔哩投稿工具是B站官方开发的一款投稿工具，相比于网页上的传统投稿视频方式，使用投稿方式投稿上传更流畅，速度更快更稳定，而且可以使用断点续传，帮助用户轻松投稿，使用简单方便。

投稿工具可以在创作中心的右上角的"下载"处点击下载，如图2-93所示。

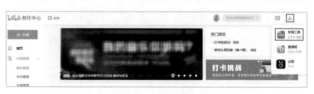

图2-93　下载路径

下载安装后，登录B站账号即可进行投稿操作。图2-94所示为投稿工具的主界面。

1. 视频编辑

下面简单介绍使用哔哩哔哩投稿工具上传视频稿件的操作流程。

❶点击界面左边导航栏的"编辑视频"，进入视频编辑页面。

❷点击视频编辑页面右上角的"添加素材"，如图2-95所示。

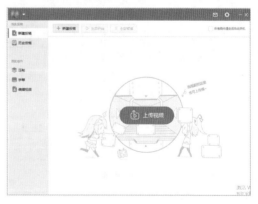

图2-94　主界面

❸ 弹出如图2-96所示对话框，设置新建视频的各项参数——视频标题、视频分辨率及视频帧率。设置完成后，单击"开始创作"。

图 2-95　添加素材

图 2-96　设置视频参数

视频分辨率有1920×1080、1280×720和854×480这3种规格可以选择，如图2-97所示。视频帧率有24fps、30fps和60fps这3种规格可以选择，如图2-98所示。

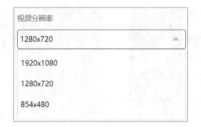

图2-97　设置分辨率

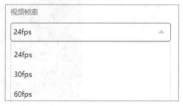

图2-98　设置帧率

❹ 弹出如图2-99所示对话框，选择想要上传的视频素材文件，单击"打开"，添加视频素材。

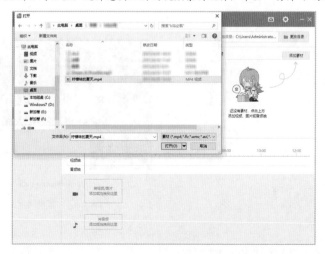

图2-99　添加素材

视频素材上传完成后会显示在编辑界面右上角的"视频/图片"栏，如图2-100所示。

❺ 将上传的视频素材和音频素材，拖曳至编辑区域，即可开始编辑素材内容，如图2-101所示。

图2-100 添加素材完毕

图2-101 将素材载入编辑轨

❻ 素材编辑完成后，如图2-102所示，点击"开始合成"，将音频素材和视频素材相结合。如图2-103所示，视频播放器中会显示合成进度。

图2-102 开始合成

图2-103 合成进度

素材合成之后会弹出提示框，告知视频导出成功，如图2-104所示。可在预先设定的存放目录中找到编辑好的视频。

图2-104 合成完成，视频导出

2. 视频投稿

除视频编辑之外，投稿工具还可以压制视频、制作字幕。利用投稿工具创作完成稿件后，可使用投稿工具上传稿件。使用其他视频剪辑软件处理好的视频，可以直接使用投稿工具，进行投稿。

具体投稿流程如下。

❶ 点击主界面左上角的"新建投稿"，进入上传投稿页面，单击"上传视频"，如图2-105所示。

❷ 弹出文件导入对话框，如图2-106所示，选择对应的视频稿件，单击"打开"。

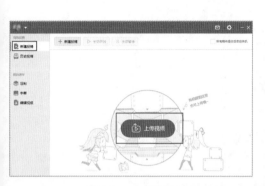

图2-105　上传视频

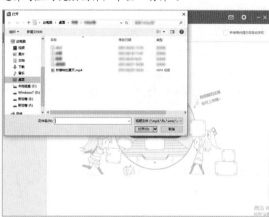

图2-106　导入稿件

❸ 稿件导入完毕后，进入稿件信息编辑页，如图2-107所示，根据要求编辑稿件信息，具体内容和要求与在网页版B站进行视频投稿的要求一致。

❹ 确认稿件信息无误后，单击最下方的"提交稿件"，如图2-108所示，即可完成稿件上传。等待稿件审核通过即完成了视频投稿。

图2-107　编辑稿件信息

图2-108　提交稿件

2.4　活动投稿：获取更高的曝光率

参加B站的投稿活动可以帮助"UP主"获得更高的稿件曝光率，并且，通过参与投稿活动有机会获得一定数目的稿件收益并获得瓜分活动奖金的机会。

活动入口：找到正确的打开方式

　　"UP主"要想参加投稿活动，首先需要找到查看各项进行中的活动正确入口。活动入口主要有两个，其中最快捷方便的入口就是位于B站主站的页面右上方的"▶活动"，如图2-109所示。单击该按钮即可进入活动列表页，查看B站的所有创作活动，如图2-110所示。

图2-109　"活动"入口

图2-110　创作活动显示页面

　　在创作中心的首页，也可以发现活动入口，如图2-111所示，单击"热门活动"模块右上角的"更多"可查看所有活动公告。

　　在活动公告页面，如图2-112所示，"UP主"可查看B站当前正在进行的所有热门投稿活动，以及其相应的活动参与要求和奖励内容。

图2-111　活动入口

图2-112　活动公告

参与方式：选择正确的活动标签

　　活动投稿的参与方式非常简单。"UP主"在上传稿件过程中，在稿件信息编辑页的"标签"中选择一个活动标签即可参与相应的投稿活动。

在进行稿件的分区选择后，在"参与活动"栏，会自动出现该分区对应的活动列表，其中带有 🔥 图标的投稿活动是当前稿件投稿期间的热门投稿活动。

图2-113　生活分区的活动标签

如图2-113和图2-114所示，"UP主"选择投稿至生活分区，系统会自动显示生活分区可以参加的各项投稿活动；选择投稿至娱乐分区，系统会自动显示娱乐分区可以参加的各项投稿活动。

图2-114　娱乐分区的活动标签

注意，参与投稿活动一定要选择正确的活动标签，若是内容不符活动要求，极有可能不能审核通过，被平台退稿。

第3章

视频创作：优质内容
创作技巧

　　自媒体行业与平台向来是内容制胜。大家想要成为一个持续产出优质内容的B站"UP主"，需要不断拓展自己的知识体系，进行全面完备的视频选题策划，从视频创作前期的内容方向策划方面做好优质内容。

　　本章将结合B站平台特色，从选题策划、拍摄题材、内容方向、脚本策划、创作启发共五个方面为大家介绍视频内容策划相关的技巧。

3.1 选题策划：掌握4个基本原则

想要运营好B站账号，创作出高质量、受欢迎的视频作品，建立自己的账号特色和品牌非常重要，其中视频的选题策划是关键。B站视频创作的选题不能脱离账号的目标用户及已有的粉丝，要在保证视频主体明确、符合账号定位风格的前提下，为B站的用户提供有趣或是有吸引力的内容，这样才能保证账号内容的长久高质量产出，得到越来越多用户的喜爱与关注。

找需求：找到用户的精准需求

社会是在不断发展的，用户的需求也随之不断变化。B站是一个日流量数据庞大的互联网平台，其内容越来越丰富，竞争也越来越大，用户对于视频的类型的需求在不断增长，要求也在不断提高。因此，大家在创作B站视频时，要把握选题的节奏，紧跟潮流，注重用户的多元需求。

例如，在2020年，由于受新冠肺炎疫情的影响，国家号召民众宅家运动，再加上现在年轻人越来越重视健康生活和健身塑形，健身跟练类视频在B站开始大受欢迎，并且这股健身热潮时至今日都并未消减。

图3-1所示为B站某"UP主"制作的健身视频，该健身视频在B站平台的播放量已经超过了3600万。

现在很多年轻人因为工作原因，常年久坐，因此改善肩颈背部疼痛的视频非常符合B站用户观看跟练的需求，这也是图3-1所示视频如此受欢迎的原因。

图3-1　健身视频

蹭热点：借助热点话题吸引用户眼球

热门话题永远是在当下较为受大众关注的，借助热门话题制作视频内容，是创作视频时常用且非常有效的方法。B站作为一个视频网站巨头，是流量制胜的平台，会被推荐的视频也都是流量大的视频。要想获得流量，就需要适当地去蹭一下热度，在标题上加上有流量的话题，视频的曝光量也会随之增高，流量也会涨起来。

在创作视频时，"UP主"应当对社会上的各类新闻事件保持高敏感度，善于捕捉并及时跟进热点，这样就可以使视频在短时间内获得足够多的流量。

图3-2所示为B站某"UP主"在5G刚刚应用之初创作的有关5G使用体验的视频。该视频在国家应用、推广5G的背景下创作上传，同时视频自身的制作也十分精良，因此在B站平台大火，随后更是被央视新闻、人民日报转发推荐，成为B站"爆款"，获得了超过2800万的视频播放量。

不过大家在蹭热点时，务必要清楚，热点只是创作内容的一个切入点，视频内容的质量才是关键，不相关的热点不要随便乱用，低俗、敏感、有不良社会影响的热点一定不能使用。

图3-2　5G相关视频

正能量：输出积极向上的正能量内容

　　互联网平台的整体风向是倡导积极向上、正能量的内容，B站同样如此。在进行选题策划时，一定要注意内容的导向，远离违反法律法规、低俗和暴力的内容，要创作和传递正能量、积极向上的内容。另外，平台对很多敏感词都有限制，滥用敏感词而不做任何限制，就很有可能被平台屏蔽，严重者还可能被封号。

　　要想让视频在B站上得到有效的推广，就必须传递健康向上的价值观，真正弘扬正确价值观的视频才能在平台上得到更好的推广位置。对于用户也是一样，充满正能量的视频才能得到用户的认可，一味地为了获得短暂的人气而"博出位"的行为只会削减视频账号的生命力。

　　图3-3所示为B站某"UP主"联合数百位摄影师创作的视频。该视频为大众展示中国各地的大好河山，过硬的视频质量使得它在新中国成立七十周年之际，成功"出圈"，在B站获得了播放量的同时，更是广受用户好评，并且还在其他互联网平台广泛传播。

图3-3　正能量视频

多互动：强化内容的互动性及参与性

　　B站带有一定的社交性质，因此在做内容策划时，要注意和粉丝用户之间的互动。可以选择一些比较新颖、能产生较好互动效果的话题，这样往往更容易获得用户的认可和推荐，比如给粉丝分享生活中的一些经历，并给出自己的建议，如图3-4所示。

图3-4　"UP主"给出建议

　　除了在视频内容中设计互动话题之外，还可以设计一些能够引发大家讨论的点，抛出问题，让观众在弹幕或评论里留言，如图3-5所示，这种互动性强的视频也会被平台大力推荐，从而增加视频的播放量。

图3-5　和观众互动

3.2 拍摄题材：B站热门题材有哪些

成为一名B站"UP主"后，不能闭门造车，只专注于自己的内容创作而不关注平台热门内容与热门题材的变换。关注相关资讯，学习总结相关"爆款"的成功经验，不但可以给予"UP主"一定的创作灵感，还可以帮助"UP主"事半功倍的进行账号运营。本节总结了目前B站比较热门的几个视频题材，供大家参考。

生活类：美食日常皆可分享

生活类题材的视频是B站最热门的题材，其内容囊括学习、工作、运动、旅行、休闲、美食等生活的方方面面。其中，美食教程和VLOG是占据主流的视频题材，针对该题材进行优质创作的博主，都有很高的人气。

B站上的某知名美食"UP主"，截至2022年2月初，已经在B站拥有了231.8万的粉丝，并且还曾在2018年成为"bilibili百大UP主"，图3-6所示为该"UP主"的B站主页。该"UP主"的账号内容全部都是关于便当、甜品、菜品等美食，经常会更新关于广受欢迎的大众菜品的创新做法。

图3-6　某美食"UP主"的主页

该"UP主"在深耕美食领域的内容创作的同时，还根据当下年轻人的快生活节奏，创作了很多关于营养便当与早餐的快手做法的视频内容，符合B站众多年轻用户的生活需求，获得了很多人的喜爱。图3-7所示为该"UP主"最多收藏的视频，其中最受好评的10个视频中，就有5个是关于便当和快捷料理的内容。

图3-7　某美食"UP主"的最多收藏

以岁月静好或是酸甜苦辣皆有的日常生活为主体的VLOG视频，也是B站生活类题材的主力军。B站上的某VLOG"UP主"，截至2022年2月初，已经在B站拥有了113.2万粉丝，图3-8所示为该"UP主"的B站主页。

该博主的视频内容主要是工作闲暇之余，自己做做美食、和家人朋友出门游玩的片段。其视频时长普遍在30分钟左右，精致的画面配上悠扬的音乐，让观众在忙碌的工作

图3-8　某VLOG"UP主"的主页

之余，可以跟着"UP主"一起感受慢生活的美好，因此该"UP主"拥有了大量粉丝。

测评类：真实记录用户体验

以某产品的测试、使用与评价为内容，真实记录用户体验的测评视频也是B站的热门题材。B站用户可以通过众多的测评视频，更好地了解自己感兴趣的产品的相关信息，从而帮助自己购买更符合需求的产品。所以只要能够做好内容，测评题材的视频是可以大获成功的。

B站上的某知名测评"UP主"，截至2022年2月初，已经在B站拥有了263.1万的粉丝，图3-9所示为该"UP主"的B站主页。

该"UP主"的定位为一个工具性的科技数码频道，主要进行科技数码产品的测评，其中测评最多的科技产品就是各类新款上市的智能手机。目前智能手机的更新换代速度很快，每上新一款手机，相应的品牌厂商都会花大力气营销推广，而且很多的年轻人也愿意频繁更换手机，以期获得更好的手机产品使用体验。所以，该"UP主"的测评内容是"自带流量"的，再加

图3-9　某测评"UP主"的主页

上其深入全面的测评讲解，为该账号收获了大量粉丝。

解说类：影视动画二次解析

解说类的视频内容丰富，主要有影视动画的二次解析、游戏的操作解析等。

以影视动画的二次解析为例，通过解说视频，观众可以快速掌握影视作品的精华内容，或是发现自己观影时没有理解到的深刻含义，在很短的时间内就可以收获满满的干货。所以，影视动画的解说视频，在B站拥有很高的人气。

B站上的某知名影视解说"UP主"，他已经在B站拥有了超过216万的粉丝，是"bilibili 2021百大UP主"，图3-10所示为该"UP主"的B站主页。

图3-10　某知名解说"UP主"的主页

该"UP主"的影视解说对象都是经典作品或是冷门佳作，使用凝练的语言概括作品，并且使用浅显易懂的语言讲述给观众，能够让观众即使对影片中的时代、领域不甚了解，都可以看懂影片，感受影片的精神内核，所以广受好评，收获了大量的忠实粉丝。

图3-11所示为该"UP主"投稿的视频。这个视

图3-11　该"UP主"投稿的作品

频内容是某个中国文学家的传记电影,"UP主"用大众耳熟能详的文学家作为人物介绍,吸引观众点击观看的同时,给了观众记忆该影片人物的线索。

科普类:奇怪的知识增加了

科普题材的内容,能够通俗易懂、深入浅出地向观众宣传普及科学知识,相比正统的科学课堂,会更具娱乐性、通俗性和可看性,可以吸引观众,向大众展现科学的魅力。

大众也对不同学科的科学知识很感兴趣,而通常科学知识的专业性很高,难以理解,所以一般会很乐意通过观看科普视频来了解科学知识。所以,科普类视频也属于B站的热门题材。

图3-12所示为B站某知名科普"UP主"的主页,该"UP主"目前仅在B站平台就已拥有超过631万粉丝,最热门的一个科普视频,已在B站拥有超过1136万的播放量。

图3-12 某科普"UP主"的主页

教学类:知识输出大有可为

随着B站内容的不断拓展,越来越多的用户在B站获取一定的学习资源。教学类视频,也因此成了B站的主要视频题材。

教学视频的内容不限,绘画、编程、手工、软件操作、外语学习、运动健身、游戏通关与舞蹈教学等内容都是B站的主流教学内容。用户可以通过在B站观看各类学习内容,免费地获取自身所需的学习资源。

图3-13所示为B站某知名运动健身"UP主"的主页,该"UP主"是"bilibili 2021百大UP主",在B站拥有超过724万的粉丝,自2020年6月投稿首个视频,截至2022年2月初,视频的累计播放量已超过1.9亿。

该运动健身"UP主"的视频质量高,创作了不同强度、不同运动等级

图3-13 某健身"UP主"的主页

的健身教学视频,而且还有很多针对不同身体部位的健身专题视频,能够满足不同观众的运动健身需求。而且视频中的示范动作到位,并辅之以专业的文字说明,能够让观众参考调整动作,锻炼到位,所以该"UP主"能够在短时间内走红B站。

混剪类:既能搞笑又能硬核

混剪类视频是B站的一个传统的热门视频题材,从一开始ACG作品混剪,发展到现在影视作品混剪、人物视频混剪、体育赛事混剪等多内容的全面开花,混剪一直都是广受B站用户喜爱的视频题材。

另外，B站平台方也对混剪视频有一定支持，推出过"新年混剪大赛"活动，每年还会举办年度混剪大赛活动，比如2020年就举办过"2020bilibili混剪大赛"，每次活动的参赛视频都交给B站用户进行投票选择，获奖作品还可以获得丰厚奖金。图3-14所示为"2020bilibili混剪大赛"的官方宣传片画面截图。

以B站上的某知名混剪"UP主"为例，截至2022年2月初，他已经在B站拥有了95万的粉丝，图3-15所示为该"UP主"的B站主页。

图3-14　2020混剪大赛宣传片

该混剪"UP主"不仅发布原创的优质混剪视频，而且还发布一些关于剪辑创作的教程，帮助对混剪感兴趣的观众，所以拥有很高人气。

图3-15　某知名混剪"UP主"的主页

3.3　内容方向：怎样持续产出优质选题

为了保证视频账号的正常运营，就需要有持续不断的视频作品输出，如何更好、更快地创作视频内容，是B站"UP主"需要重点考虑的问题。平时大家可以储备一定的素材，建立"爆款"选题库，学习新的技能，为打造优质的短视频内容提供参考依据，也为B站视频账号的正常运营提供坚实的基础。

"UP主"可以从各大资讯网站、社交平台、热门榜单中搜索热点，或者关注热门话题的热门评论，也可以挖掘出很多题材和故事。以2022年北京冬奥会为例，在2022年的冬奥会赛程期间，有很多B站"UP主"借助冬奥会的话题热度创作各类视频内容，如图3-16所示。

图3-16　冬奥相关视频

搜微博：在微博平台上寻找热门话题

微博是当前人们在网络中使用较多的社交平台之一，其口号是"随时随地发现新鲜事"，用户可以在微博中找到时下热门的新闻事件和话题，其中微博热搜榜中归纳和整理了实时热点。

打开微博App之后，点击"发现"页面，即可查看当前热搜榜、热议话题及热点资讯，如图3-17所示。

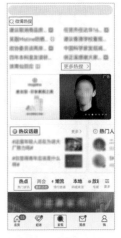

图3-17　微博热搜

逛知乎：在知乎平台上寻找专业解答

知乎是一个网络问答社区，当大家无法确定B站内容定位时，不妨在知乎中搜索一下相关话题，上面有许多行业专业人士的回答，内容很详细，对内容定位有所帮助。例如，在搜索框中输入话题"B站运营"，即可看到各种相关话题，点击话题，即可查看其他用户的回答和建议，如图3-18所示。

图3-18　知乎搜索结果页

刷抖音：在抖音平台上关注实时热榜

抖音平台也有热榜，当前最热门的话题和短视频都会实时总结到榜单之上，"UP主"在构思内容时可以参考榜单上的热门话题进行创作。

打开抖音App之后，点击"搜索"按钮🔍，即可查看当前热榜，如图3-19所示。

图3-19　抖音实时热榜

看百度：利用搜索引擎查找各类资源

百度热榜是以数亿网民的搜索行为为数据基础，将关键词进行归纳分类而形成的榜单，在这里同样可以寻找热点。在百度热榜中，可以看到目前的热点话题和热点活动（如图 3-20 所示），大家可以根据其中特点，寻找适合自己的视频创作方向。

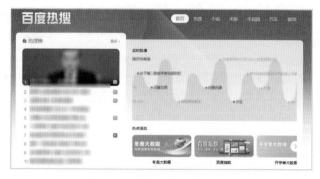

图 3-20　百度热搜

听音频：在音频平台上收听各类稿件

目前音频类 App 也是很受欢迎的一种娱乐软件，如今各种短视频和长视频当道，音频类 App 的好处在于其可以减少眼睛的使用度，很多用户在睡前习惯打开一本喜欢的书，听着音频入睡。目前网络上知名度较高的有声平台有喜马拉雅、荔枝、猫耳 FM 等，其中还包括音乐 App 的电台分类，用户可以在这些软件中搜索并购买自己喜欢的书籍或文章。例如，打开喜马拉雅 App，在"今日热点"一栏，可以查看当前最受欢迎的文章，为自己的 B 站视频创作积累话题素材，也可以通过搜索"哔哩哔哩运营"等关键词查找有关 B 站运营创作的文章，如图 3-21 所示。

图 3-21　喜马拉雅 App

3.4　脚本策划：掌握爆款内容的创作公式

脚本是整个故事的发展大纲，用脚本来确定整个作品的发展方向和拍摄细节，提前"脑补"出视频的每个画面，用文字或者绘画记录每个画面的内容，是构图和表现的手法。

在进行脚本策划时，需要注意两点。第一，在脚本构思阶段，就要思考什么样的情节能够满足观众的需求，掌握观众的喜好是十分重要的一点，好的故事情节应当是能直击观众内心，引发强烈共鸣的。第二，要注意角色的定位，在台词的设计上要符合角色性格，并且要有爆发力和内涵。

脚本策划可以分为三大步骤，如图 3-22 所示，下面将为大家一一介绍相关内容。

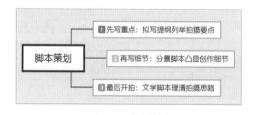

图 3-22　脚本策划

先写重点：拟写提纲列举拍摄要点

脚本设计是安排视频拍摄的具体内容，使拍摄到完成的所有步骤成为一个大纲，让拍摄工作变得简单而高效。比如导演拍摄电影的剧本，人员、服装、场景定位、拍摄技巧、剪辑等，一切步骤和人员安排都是根据剧本的设定进行的，脚本设计也是如此。什么地点、在什么时间、出现什么画面、如何运用镜头等，都是根据脚本的设计来进行的。

基本主题确定后，就要开始搭建脚本框架了，比如学生"UP主"计划拍摄上学日的一日 VLOG，就可以按照时间顺序展开，列举早上起床出门的流程、上午的课程、下午的课程、傍晚放学回家、晚上的课余休闲等流程化内容。把提纲列好之后，就可以加入故事细节了。

再写细节：分镜脚本突显创作细节

细节可以增强演员的表现感，使人物更加丰满，同时又能很好地调动观众的情绪。在确定了需要执行的细节后，再考虑使用哪种镜头来呈现该画面，然后编写一个非常具体的快照脚本。

细节是调动观众情绪的重要枝干，这种细节也就是视频的分镜头，分镜头脚本是将文字转化成可以用镜头直接表现的画面，通常分镜头脚本包括画面内容、景别、摄影技巧、时间、机位、音效等。分镜头脚本是目前拍摄视频时使用较多的一种脚本形式，这种脚本的特点是细致。分镜头脚本会将视频中的每个画面都体现出来，对镜头的要求也会描述清楚，创作起来耗时耗力，是最复杂的一种脚本。

在一份完整的分镜头脚本里，需要描述非常多的细节，包括镜头焦段、拍摄景别、拍摄手法、拍摄时长、演员动作、环境和光线、音乐等。创建分镜头脚本时，需要创作者在脑海里构建出一幅完整的画面，还要不断地在拍摄现场实践（排练），与脚本和演员磨合。

图 3-23 所示为 B 站某"UP主"分享的脚本与实际拍摄画面的对比示例。

图 3-23　分镜脚本

最后开拍：文学脚本厘清思路

文学脚本是将各种小说或故事改编后方便以镜头语言来完成的一种台本方式，比如电影剧本、电视剧剧本等。而视频创作者需要编写的文学脚本，实际上就是有关视频拍摄内容的简短文学剧本。

创作者应该根据已有的故事提纲与详细的分镜头脚本内容，编写一个有完整故事情节的文字故事，帮助自己在实际拍摄中厘清思路，提高拍摄效率。文学脚本还便于在拍摄实践中，补充记录突发的拍摄创意与灵感，并将分镜脚本外的视频画面在视频剪辑过程中完美插入故事画面中。

1. 定场镜头

定场镜头是指影片的开始或一场戏的开头，是用来明确、交代地点的镜头，通常会以一种视野宽阔的远景形式呈现。定场镜头通常用于一部电影的开篇，同时也被用作电影中新场景的转场镜头，例如使用远景镜头拍摄一个城市或建筑的大全景，目的在于给观众一个位置感，让观众对环境有所了解，如图 3-24 所示。

2. 空镜头

空镜头又称"景物镜头"，指影片中作为自然景物或场面描写而不出现人物（主要指与剧情有关的人物）的镜头。空镜头常用以介绍环境背景、交代时间空间、抒发人物情绪、推进故事情节、表达作者态度，如图3-25所示，其具有说明、暗示、象征、隐喻等功能。在短视频中，空镜头能够产生借物寓情、见景生情、情景交融、渲染意境、烘托气氛、引起联想等艺术效果，在银幕的时空转换和调节影片节奏方面也有独特作用。

图3-24　城市定场镜头

空镜头有写景与写物之分，前者通常称之为风景镜头，往往用全景或远景表现，以景做主、物为陪衬，如群山、山村、田野、天空等；后者又称"细节描写"，一般采用近景或特写，以物为主、景为陪衬，如飞驰而过的火车、行驶的汽车等。空镜头的运用，已不只是单纯描写景物，如今已成为影片创作者将抒情手法与叙事手法相结合，加强影片艺术表现力的重要手段。

图3-25　空镜头

空镜也有定场的作用，比如在自驾旅途的视频拍摄中，开篇可以借由行驶路途中的车辆与道路，交代人在旅途的场景，显示出闲适清新的意境，如图3-26所示。

3. 分镜头

分镜头可以理解为短视频中的一小段镜

图3-26　行驶路途中的车辆与道路

头，电影就是由若干个分镜头剪辑而成的。它的作用是可以用不同的机位为观众呈现不同角度的画面，带来不一样的视觉感受，并可以帮助观众更快地理解视频想要表达的主题。

使用分镜头时需要与脚本结合，例如拍摄一段旅游视频，可以通过"地点＋人物＋事件"的分镜头方式展现整个内容，如图3-27所示，第一个镜头介绍地理位置，可以拍摄一段环境或景点视频；第二个镜头拍摄一段人物介绍视频，可以通过镜头向大家打招呼，告诉大家你是谁；最后一个镜头可以拍摄人物的活动，比如正在吃饭的画面。

图3-27　分镜头示例

3.5 创作启发：创作内容需要把握的尺度

要成为一名优质的B站"UP主"，最根本的是能够持续创作输出优质的作品。本节就从创作雷区、内容精髓和粉丝喜好三方面来讲一讲B站内容创作的尺度，以帮助读者获得内容创作的启发。

创作雷区：拒绝营销号套路

B站的内容版块众多，在很大程度上，"UP主"的创作是相对自由的。但是在"UP主"创作时，却有一些雷区需要了解，以防在创作过程中"踩雷"。

1. 内容原创

做原创内容是创作者能够成长为一个优质"UP主"的核心因素之一。

"UP主"应该针对自己想要深入发展的知识领域，进行知识学习，督促自己创作有个人特色的优质内容，切忌去其他视频网站搬运内容后到B站原创投稿，一旦被平台发现，会有封号风险。

2. 切忌跟风

一名成功的"UP主"，其内容一定是去同质化的。"UP主"的创作内容具有独特性，才能使其自身获得核心竞争力。所以在进行内容创作时，"UP主"们切忌盲目跟风，要坚持发扬自己的账号特色。

3. 敏感话题

一名"UP主"制作发布的内容，是会产生一定公众影响力的，所以在进行内容创作时，有责任和义务检查内容是否涉及敏感话题。除了一般的政治禁忌之外，要注意以下几点：

- ◆ 不要涉及邪教和封建迷信；
- ◆ 不要涉及侮辱或诽谤他人；
- ◆ 不要涉及民族歧视、破坏民族团结的内容；
- ◆ 不要有种族、肤色、性别、性取向、宗教、地域、残疾等方面的歧视内容。

内容精髓：致力于创作优质内容

如今的互联网自媒体已经十分发达，内容至上是很多自媒体人成功的关键。一个"UP主"账号，能够创作出符合自己账号定位的优质原创内容才能打造一个具有高热度与高粉丝黏性的"UP主"。

以B站的某知名汽车"UP主"为例，如图3-28所示，他是在B站平台创作以汽车试驾、科普与活动分享为主要账号内容的"UP主"。自2019年2月26日投稿第一个视频以来，截至2022年2月初，他在B站已经收获了180.6万粉丝。

该汽车"UP主"的视频，标题不一定与汽车产品直接挂钩，但是其内容核心一定是关于汽车的，并且会传达积极向上的生活态度，视频用语也很亲切，所以在B站有很高的人气。

他的视频时长一般都在10分钟以内，但是因为内容干货输出很多，生动有趣地向观众介绍汽车产品信息，

图3-28 汽车"UP主"主页

所以一般可以获得很高的播放量，图3-29
所示是其人气最高的一些作品，截至2022
年2月初，最高播放量的一支视频已经有
了超过475万的播放量。

图3-29　最多播放的视频

观察该"UP主"视频可以发现，他的
每一个汽车视频在科普汽车产品的同时，
还会有一个固定的掏钥匙环节（如图3-30
所示），然后就会启动汽车，让镜头在驾驶

汽车的第一视角进行拍摄（如图3-31所示），让观众能够直观体验到相应汽车产品的驾驶第一视角。这
样的环节，可以增加视频的趣味性，并且能够通过这样一个程式化的个性化环节，增强"UP主"给观
众的记忆点。

大家在进行内容创作的时候，可以结合自己的兴趣点或是专业领域，进行持续的优质创作，过程中
还可以灵活设计一下内容呈现的模式，打造账号的特色，向B站观众展示你自己的内容与风格。

图3-30　掏钥匙环节画面

图3-31　视频中试驾内容截图

粉丝喜好：明确B站用户内容偏好

作为一名B站"UP主"，了解平台用户的内容偏好，能够更精确地创作出符合粉丝喜好的内容，从
而成长为一个有价值的"UP主"。

B站的用户主要是年轻的"Z世代"人群，该用
户群体个性鲜明，愿意获取新的知识，接触新的文化
和领域。根据收视中国在2020年10月发布的《B站与
腾讯视频用户偏好浅析》中的数据内容（如图3-32所
示），我们可以发现，B站用户主要偏好生活、动画、
游戏、知识、鬼畜、影视、音乐、舞蹈等内容。

从数据中可以看出，除了近年来非常流行的生活
类视频内容之外，B站平台中，最受广大用户喜爱的
还是二次元的相关内容，其次就是知识干货的视频。

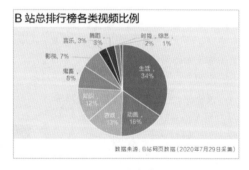

图3-32　视频类型

"UP主"在进行创作的时候就可以参考这些用户喜好，确定好自己创作的类型，再深入相关版块分
区，寻找适合的创作方式和内容。

第4章

视频拍摄：如何拍出爆款视频

随着网络技术的进步、信息平台的构建，视频自媒体也越发盛行。要想在众多B站视频"UP主"中脱颖而出，需注重内容打造，提升视频质量。本章将从器材准备、拍摄技巧、画面构图、拍摄运镜等方面分享视频拍摄的方法技巧，帮助大家创作出优质的B站视频。

4.1 器材准备：适合的才是最好的

工欲善其事，必先利其器。拍摄时，选择适当的器材能够让操作更便利，画面更精致，视频更有质感。

拍摄器材是照相机、镜头及其相关附件、与摄影活动相关的各种设备、物品的统称，种类繁多。根据实际需要，选择正确的拍摄器材可为你的拍摄保驾护航。对于"UP主"的视频拍摄需求而言，主要需要使用的设备有摄影设备、录音设备、灯光设备和稳定设备。

手机：随拍随剪快速出片

手机是生活中最常见的拍摄器材。"UP主"在最初的起步阶段，如果没有专业相机及相关附件，使用智能手机进行拍摄也是一个很好的选择。

手机十分小巧，拍摄便捷且操作难度较低，可以随时记录情境。现在大多数手机具有较高的清晰度与分辨率，能满足日常拍摄的需求。图4-1所示为用手机记录的引人垂涎的美食，在光线充足的情况下，手机也可拍出优秀的视频。并且运用手机拍摄视频素材后，"UP主"可以直接使用手机端的剪辑软件进行视频剪辑，省去视频素材的转移步骤，为快速出片助力。

图4-1　手机拍摄美食

关于手机的选择，笔者建议大家从拍摄视频的帧率、算法和存储空间三方面考虑，选择一款这三个因素综合起来都不错，价格符合预算的手机较为适宜。

◆ 帧率

手机相机的设置里都有设置视频分辨率和帧率的选项，打开就会看到帧率，不同的数字代表相机每秒钟记录的画面数量，如图4-2所示。常见的帧率为30fps和60fps，30fps指相机每秒钟记录30幅画面，60fps就是相机每秒钟记录60幅画面。因此，相机帧率越高，视频记录的信息就越丰富。

60fps的视频可以在后期放慢50%不卡顿，这对于拍摄慢动作视频尤为重要，并且更高的帧率能够为我们提供更多的后期剪辑空间。建议大家选择至少支持60fps帧率的手机作为摄影器材。

图4-2　设置相机帧率

> **拓展延伸：** 分辨率是度量位图图像内数据量多少的一个参数，它包含的数据越多，图形文件的长度就越大，也能表现更丰富的细节。但更大的文件需要耗用更多的内存。假如图像包含的数据不够充分（图形分辨率较低），就会显得相当粗糙，特别是把图像放大为一个较大尺寸观看的时候。所以在图片创建期间，我们必须根据图像最终的用途决定正确的分辨率。"分辨率"通常被表示成像素数量，比如720p、1080p等。

◆ 算法

算法对于手机影像系统的作用很大。由于体积有限，手机的光学模块和传感器自然无法和专业相机比拟，所以手机只能通过提升算法能力，从而弥补物理光学方面的先天缺陷。

在视频算法方面，苹果手机一直是做得非常好的，无论是白平衡的校准，色彩的还原程度，还是新款机型的背景虚化效果，这些都是用算法来弥补物理光学缺陷的出色成果。华为的旗舰手机的相机，例如P50 Pro（如图4-3所示），在视频算法里也非常优秀。

总之，各大厂商在手机影像的硬件和软件算法方面都不断地提升换代，如果想要拍视频时能够得到算法的帮助，可以从各厂商的旗舰手机中选购。

图4-3　华为P50 Pro

◆ 存储空间

更高的帧率和优秀的算法，拍出来的视频内容更多、质量更好，同样也需要更大的存储空间。时长为一分钟的4K 30fps的视频需要170MB左右的存储空间，时长为一分钟的4K 60fps的视频要400MB左右，"UP主"拍个几十分钟的视频素材就需要几十个GB的存储空间。另外，手机还需要存储照片素材、应用程序和其他文件内容，这些都是较为占用存储空间的。所以建议大家选择256GB或者更大存储空间的手机。

综上所述，笔者建议大家在自己经济能力承受的范围内，选购能够拍1080P 60fps视频，内存不低于256GB的各大手机厂商的主打手机。

单反：专业画质性能强

对想追求更高画质的人而言，数码单反相机也是个不错的选择。数码单反相机的专业性和续航能力更强，并且镜头群数量多，适合专业能力好的摄影人士，以及对画质要求较高的用户使用。手机感光元件的面积远远小于专业的数码单反相机，所以成像效果无法与数码单反相机相比。并且，数码单反相机反应速度快，能在短时间内完成对焦，镜头选择也更多样。图4-4所示为专业的数码单反相机。

图4-4　数码单反相机

需要注意的是，数码单反相机的参数设置和镜头配置都有着更强的专业性，摄影入门级或初学者难以掌握拍摄技巧。

微单：小巧专业是趋势

"UP主"的相机拍摄，以视频拍摄为主要目的，在选择相机型号时，首要考虑的因素有：是否便携，是否自动对焦，是否方便拍摄VLOG视频。专业的数码单反相机，虽然可以更换各种镜头，满足多样的拍摄需求，但是体积大，相较而言比较笨重，于是数码微单相机也颇受"UP主"群体青睐。

数码微单相机（如图4-5所示）是无反光板相机的俗称，"微单相机"的"微"，指的是微型小巧，"单"是指可更换式单镜头相机（即单反相机），所以数码微单相机是一类微型小巧且具有单反性能的数码相机。

数码微单相机的特征就是在拥有轻薄机身的同时还具有专业的画质，

图4-5　数码微单相机

它主要针对的是既想获得非常好的画面表现力，又想获得紧凑型数码相机的轻便性的使用人群，所以很适合主要用来记录生活、拍摄短篇故事的"UP主"使用。

三脚架：固定机位拍出稳定画面

在拍摄固定机位、大场景或延时摄影时，拍摄支架和三脚架能够稳定机器，并帮助拍摄者完成平稳的推拉与提升动作。在业余摄影与专业摄影中，它们可谓是"基础款"。三脚架通常分为相机三脚架和手机三脚架，使用方法和功能也有所不同，图4-6所示为常见的手机三脚架，图4-7所示为常见的相机三脚架。

图4-6　手机三脚架　　　　图4-7　相机三脚架

1. 手机三脚架

手机三脚架适合日常拍摄，它轻便，易携带，适用多种场景拍摄需求，性价比极高。"UP主"常用的手机三脚架有落地式三脚架和八爪鱼三脚架。

落地式三脚架可自由伸缩调整高度，常用于直播、VLOG、测评等视频的拍摄，具有稳定性高，不易倾倒的特点，如图4-8所示。

市面上的三脚架越来越轻便，造型越来越多样，由此演变而成的就是八爪鱼三脚架。八爪鱼三脚架在稳定性的基础上，占地面积小，还能随意变化形态，可以固定在窗框、栏杆等狭窄处，从而获得独特的镜头角度，如图4-9所示。

图4-8　落地式三脚架

图4-9　八爪鱼三脚架

2. 相机三脚架

根据材质，相机三脚架可分为碳纤维三脚架和铝合金三脚架两种。这两款三脚架均可反折收纳，并且能够自由地调整云台角度。

碳纤维材质比铝合金材质轻便，价格也更高，环境适应能力比铝合金三脚架要好，防刮防腐蚀，韧性较强，适合经常外出拍摄的用户使用，以减轻负担，同时在野外恶劣的环境中能减少给三脚架带来的损害，如图4-10所示。

铝合金材质的三脚架比碳纤维三脚架的性价比要高，虽然材质更重，但胜在稳定性强，适合在室内拍摄时使用，如图4-11所示。

图4-10　碳纤维材质三脚架

图4-11　铝合金材质
三脚架

稳定器：拍出炫酷运动镜头

稳定的画面是视频好看的一大基础。市面上许多手机都具备了防抖功能，但内置的防抖功能当然不如一款拿在手上的云台稳定器方便好用。尤其是拍摄一些运动镜头时，画面的稳定就会更加难以控制，这时候就需要用到稳定器。

稳定器是安装、固定摄像仪器的支撑设备，握持方便，可以水平和垂直地运动，且能过滤掉大部分运动时产生的颠簸与抖动，提供稳定流畅的影像画质，可适应多个场景的拍摄需求。

稳定器分为手机稳定器和相机稳定器两大类。手机稳定器是连接手机使用的稳定设备，灵活性比较好，适合拍街景、运动等动态画面，如图4-12所示。"UP主"在最初进行拍摄的时候，可以配备一个手机稳定器，它的价格较低，可以直接配合智能手机使用，体型比较小巧轻便，长时间操作不会觉得有很大的负重感。

相机云台是用在相机设备上的稳定器，对稳定性的要求更高，其中又分为专业摄影所用的相机云台和手持相机云台。专业摄影所用的相机云台一般搭配三脚架固定使用，适合进行微距或者静物拍摄。手持的相机云台更加轻便，在移动中也可以保持拍摄画面的稳定，更适合"UP主"在日常生活中进行视频创作，如图4-13所示。

图4-12　手机稳定器　　图4-13　相机稳定器

在选购稳定器时，需要考虑两个因素：一是稳定器和自身所使用的相机型号能否进行机身电子跟焦，如果不能，需要考虑购买跟焦器；二是稳定器在使用时，必须可以进行严格调平。

补光灯：补充光线搞气氛

灯光对于视频拍摄同样非常重要，因为视频拍摄，需要突出拍摄主体的，所以很多时候都需要用到灯光设备。灯光设备虽不算日常视频录制的必备器材，但是如果我们想要获得更好的视频画质，灯光是必不可少的。

说到摄影灯光，可能有的读者会想到专业摄影棚的打光板和大型补光设备，如图4-14所示。但是

"UP主"在实际拍摄中，重点是拍摄内容，拍摄画面虽然也有一定要求，但是不需要像专业的影视广告那样专业和严格的设备。而且"UP主"的创作环境也并不适用一系列复杂的灯光设备。

对于"UP主"的日常拍摄而言，小型的LED补光板就足够拍摄所需了。

LED补光灯是常亮灯，目前大部分补光灯支持调整色温、亮度，操作简单，携带方便，对于一般的人像与静物拍摄，作为光源补充是够用的。它有多种规格供拍摄者选择，有独立放置的大灯板灯光款式（图4-15），有独立放置的小型光源的款式（图4-16），也有像镜子一样安装在相机上的小型灯光板（图4-17）。

图4-14　摄影棚打灯

图4-15　独立放置的灯光

图4-16　小型光源

图4-17　小型补光灯

LED灯的体积较小，散热性能好，在使用时不会过度增加拍摄环境的温度，拍摄体验感好。而且LED灯在支持调整色温和亮度的同时，显色性也很不错，方便后期对画面进行处理。

环形补光灯，即如图4-18所示的环状灯，是LED补光灯中的一种。

环形的设计是为了增大光线发射的面积，光照强度可调节，灯光柔和，在人的眼睛里会反射出一个环形的光斑，因此显得人眼特别有神，是美妆博主和带货博主的不二选择，如图4-19所示。

图4-18　环形补光灯

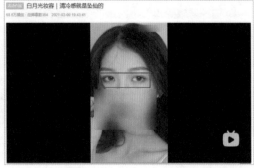

图4-19　眼睛里反射环形光斑

麦克风：收录无损的音质

视频拍摄的成果是由图像与声音共同呈现的作品，因此收声录音的设备与画面摄影设备同等重要，使用更优质的声音是提高视频质量的重要方式之一。但是，收声录音设备往往是最容易被忽略的视频拍摄设备。

在实际的视频拍摄中，对于多样化的拍摄内容，比如拍摄主体较远、拍摄运动场景或者环境杂音较多时，依靠摄影器材自带的机内麦克风是无法满足正常拍摄需求的。因此，"UP主"在拍摄视频时需要准备额外的录音设备。

"UP主"最常用的录音设备就是麦克风。各类无线和外接类型的麦克风能起到较好的收音作用。

无线麦克风的特点是易携带，配备独立电源，因此可以进行长距离的无线声音传输。

在日常拍摄时，外接麦克风是较为常用的收声设备，这一类设备可以进行立体声录制，而且可以减少回音的干扰适当拾取环境音，比如海声、风声等场景的真实声音，增加画面的亲切感，更适合"UP主"进行美食制作视频、VLOG视频等日常内容的录制，如图4-20所示。

图4-20　外接麦克风

> **提示：** 室外拍摄时，风声是对收声最大的挑战，所以"UP主"在进行室外拍摄时，一定要用给麦克风套上防风罩，降低风噪，如图4-21所示。

图4-21　套了防风罩的麦克风

领夹式麦克风是外接麦克风的一种类型，即可以夹在衣服上的便携收音麦克风，如图4-22所示。领夹式麦克风常用于需要收录整个环境声音的录音拍摄中，或是声源在移动时希望能保持良好收音的拍摄中。通常演讲者在演说时，就会佩戴一个领夹式麦克风。

"UP主"在录制有长时间讲话的视频或者配有解说内容的视频时，比如好物分享、产品测评类题材的视频时，建议使用领夹式麦克风，可有效降低环境声音干扰，突出人声，而且设备更加小巧灵活。

图4-23所示为B站某"UP主"在美妆产品测评视频中所使用的领夹式麦克风。

不管使用的是哪一种麦克风，为了更好地保证收声效果，大家在购入设备时应多挑选、多做比较，寻找适合自己拍摄情况的麦克风。

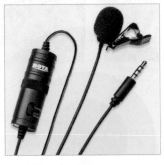

图4-22　领夹麦克风

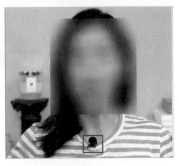

图4-23　佩戴领夹式麦克风

拓展延伸： 有的"UP主"会通过用录音笔录音，后期再进行录音和画面匹配的制作来提高视听质量，这也是一个处理画面和声音的方式，但是过程比较烦琐，而且非常考验后期制作技术。就像我们一般观看后期配音的影视剧，如果声音和演员的口型不匹配，就会产生负面的观影体验，观众在观看"UP主"制作的视频时，同样需要声音和画面是匹配的，所以"UP主"在后期需要好好处理配音内容。

如果在视频拍摄前，就准备好合适的收音设备，在拍摄时直接使用收音设备进行拍摄，就可以提高拍摄质量，省下大量后期处理的工作。

4.2 拍摄技巧：拍出视频高级感

要成为一个B站"UP主"，拍摄出优质的视频稿件素材，除了需要合适的拍摄设备之外，还需要拍摄者有一定的拍摄技巧。本节将介绍姿势、曝光、分镜、延时、转场等摄影知识，帮助大家学习和掌握一定摄影技巧和技术。

分辨率：高分辨率才能高画质

视频画面的清晰度是由视频的分辨率决定的，分辨率越高视频画面就越清晰。在拍摄前，为了保证画面清晰度，要提前对分辨率进行设置。

1. 设置手机分辨率

下面以华为手机为例，为大家演示如何设置视频分辨率，其他手机也可以参考此内容进行分辨率设置。

❶ 打开相机进入"录像"模式，点击右上角的"设置"按钮，如图4-24所示。

❷ 在弹出的界面中选择"视频分辨率"，如图4-25所示。

❸ 在打开的"视频分辨率"界面中选择最高的分辨率1080p即可，如图4-26所示。

图4-24 点击"设置"

图4-25 选择"视频分辨率"

图4-26 设置视频分辨率

2. 设置相机分辨率

下面以索尼A7 Ⅲ相机为例，为大家展示如何设置分辨率，其他相机可以参考此内容进行分辨率设置。

❶ 启动相机，进入如图4-27所示主界面。

❷ 打开菜单中第二个菜单栏的第一页，点击文件格式，如图4-28所示。

❸ 进入如图4-29所示页面，按照拍摄需要选择素材的分辨率。由于AVCHD文件格式的图像质量较低，通常"UP主"会选择前两个选项。

图4-27　相机主界面

图4-28　点击"文件格式"

图4-29　设置分辨率

> ▮ **拓展延伸：** 4K和HD都表示分辨率，HD表示为1280×720分辨率，即常说的720p；4K表示为4096×2160超高分辨率。

姿势：拍出稳定清晰的画面

拍摄时，拍摄者应保持匀速呼吸，同时需要运用正确的姿势牢牢固定摄影器材，如图4-30所示。在拍摄过程中，要避免大幅度的手部动作，可以将身体靠着墙或其他可支撑物以保证身体的稳定，同时手肘内侧可以紧靠身体来保持稳定，也可以将手放置在固定物上来保证稳定。

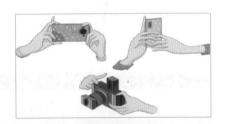

图4-30　摄影姿势示意图

不管使用手机还是相机，在没有辅助设备帮助的情况下，建议双手持稳器材（手机横持比竖持效果更佳）进行拍摄。因为双手持机，大臂夹紧身体两侧后，就能使器材和手臂形成一个较为稳定的三角形，能有效降低画面的抖动。

使用手机拍摄时，以横持手机为例，将手机横置后，分别用拇指和食指夹住手机的两侧，如图4-31所示，就能保持较为稳定的拍摄效果。

使用数码单反相机或微单相机拍摄时，双手横持相机，右手大拇指负责相机的控制微调及按下快门按钮，如图

图4-31　手机横拍

4-32所示。若是相机配备了额外的镜头，需要左手握住镜头，方便调节镜头的焦距，如图4-33所示。

不管使用手机还是相机，双手持稳器材后，大臂夹紧身体两侧，就能使器材和手臂形成一个较为稳定的三角形，能有效降低画面的抖动。

图4-32　相机持机姿势

图4-33　有额外镜头的相机的持机姿势

曝光：保证画面曝光正确

曝光，简单来说就是指画面的亮度。我们常会看到有的画面很亮，有的画面很暗，有的画面亮度适中，在摄影中，它们分别称为曝光过度、曝光不足和合适曝光。

曝光是画面的明暗程度的体现，我们需要依据不同拍摄场景和主体景物，恰当调整曝光，让画面的明暗呈现始终是比较合适的。

1. 降低曝光

降低曝光，就是让画面变得更暗，通常应用在拍摄一些光影比较明显、需要增强画面明暗对比、突出拍摄主体的局部细节与质感时，如图4-34所示。

2. 增加曝光

增加曝光，就是让画面变得更加明亮通透，通常应用在拍摄一些比较干净、明亮的场景内容时，例如雪景、蓝天白云等浅色画面，如图4-35所示。

图4-34　降低曝光

图4-35　增加曝光

3. 设置曝光

手机的曝光一般来说不需要设置，但是特殊情况下，为了避免忽明忽暗的现象发生，需要锁定曝光点。

锁定曝光的具体操作方法是，在准备拍视频之前，长按需要准确曝光的位置，这样手机就会自动锁定该位置的曝光和焦点，不会受到光线变化和运动物体的干扰，如图4-36所示。这个方法在拍摄固定镜头时尤为适用。解除锁定只需要轻轻点一下其他位置即可。若是要调整明暗，可以上下拖动曝光点，通常向上拖动会增加曝光，向下拖动会降低曝光。

相机的曝光数值是固定的。使用相机拍摄时，拍摄者可以通过相机拍摄界面的曝光指示器查看画面的曝光，并根据实际拍摄需要进行调节，如图4-37所示。

图4-36 锁定曝光

图4-37 调节曝光

对焦：保证画面清晰不闪烁

对焦，也叫对光、聚焦，通过照相机对焦机构变动物距和相距的位置，使拍摄对象成像清晰的过程就是对焦。画面对焦可以使拍摄主体更清晰，镜头焦点聚集在哪个部分，哪个部分就是清晰的。

在拍摄时，如果发现画面中的主体模糊不清，而背景却很清晰，很可能是因为对焦不准确，如图4-38所示。另外，镜头距离主体太近，超出了器材能够自动对焦的范围，也会导致画面对焦不准确。因此，准确选择对焦点位置是确保主体清晰的基础。

图4-38 对焦不准确

1. 手机对焦

一般情况下，打开手机镜头就能自动对焦，但是手机镜头不像相机那么专业，在某些情况下对焦并不是特别方便，所以在对焦时需要拍摄者手动选择对焦位置。在拍摄界面中，只需轻触屏幕就会出现对焦框，拍摄时只需将对焦框对准拍摄主体，就能保证主体的清晰度，如图4-39所示。

2. 相机对焦

在拍摄过程中，主要需要设置的是相机的对焦模式、对焦区域与对焦锁定。下面以索尼A7 Ⅲ相机为例，介绍相机对焦相关信息，其他相机型号可以参考此内容进行参数设置。

索尼A7 Ⅲ相机第一个菜单栏的第5～8页就是关于对焦模式、对焦区域等对焦相关内容的设置页面，如图4-40所示。

图4-39 手机对焦

（1）对焦模式。

在使用索尼 A7 Ⅲ 相机拍摄视频时，拍摄者可以选择"连续 AF"（即连续自动对焦）和"手动对焦"两种对焦模式，如图 4-41 所示。

图 4-40　相机对焦　　　　　　　　　　　　　　　　图 4-41　对焦模式

使用连续自动对焦时，相机的对焦功能会一直处于工作状态。建议大家在拍摄视频时，优先选择连续自动对焦模式，遇到近摄距拍摄、拍摄主体颜色和构造过于单一等不适合自动对焦的场景时，再切换到手动对焦。此举能够在高效对焦拍摄的同时，避免画面受到对焦主体错误、对焦画面模糊等情况的影响。

很多"UP 主"在拍摄视频时，会拍摄旅行途中的风景画面，比如隔着飞机舷窗拍摄的机翼与天空、隔着火车车窗拍摄的田园风光等。一般在进行此类内容的拍摄时，如果使用自动对焦功能，相机通常会将玻璃上的灰渍作为焦点，而窗外的景物则会被完全虚化。此时，通过手动对焦，则能够很方便地将焦点放在窗外的景物上，如图 4-42 所示。

图 4-42　窗外景物

（2）对焦区域。

索尼 A7 Ⅲ 相机拍摄视频时，有广域、区、中间、自由点、拓展自由点共 5 种对焦区域模式供拍摄者选择。

广域模式下，相机会扫描画面的大部分区域来进行自动对焦，在拍摄有多层次的画面时，相机会优先对焦到画面中距离镜头较近或画面占比较大的物体上。拍摄界面中有一个方框，该方框里的区域就是广域模式下的相机有效对焦范围，如图 4-43 所示。广域对焦简单易用，对焦准确度较高，对焦范围也是 5 种对焦模式中最广的，推荐大家使用。

（3）对焦锁定。

在索尼 A7 Ⅲ 相机第一个菜单栏的第 6 页，可以设置中央锁定 AF，即锁定相机对焦，如图 4-44 所示。

初次开启时，相机屏幕上会出现一个方框，下面会有两行文字，提示拍摄者使用控制拨轮中间的确定键，在画面中心选择一个物体来进行追踪，如图 4-45 所示。拍摄者在画面中选择一个物体后，这个物体就会被框选，无论该物体在画面中如何移动，或者如何移动相机，相机始终都会把对焦锁定在这个物体上，按下确定键就会取消对焦锁定。当你想要在运动画面中锁定对某一景物的对焦时，就可以使用这个功能。

图4-43 广域对焦区域

图4-44 开启"中央锁定AF"

图4-45 锁定对焦的拍摄界面

虚化：拍出单反景深效果

　　虚化是指通过大的光圈、长的焦距和远离拍摄主体来拍摄出主体清晰，而画面背景模糊的影像效果。

　　数码单反相机、微单相机可以直接使用大光圈来拍摄出虚化效果，即景深效果。很多具备双镜头或多个镜头的手机相机所具备的人像模式或虚化模式，也可以直接拍摄出背景虚化效果的视频影像。例如iPhone手机的"人像"模式，华为手机的"大光圈"模式（图4-46）。

图4-46 大光圈模式

　　背景虚化的作用主要是能够弱化画面背景，强调画面主体的细节，让观众的视线集中在画面主体上，同时还能使画面效果更加丰富立体。背景虚化常用于拍摄人像、植物等主体较为突出的画面内容，如图4-47所示。

图4-47 背景虚化

变焦：拍出视频远近层次

　　焦距是指从镜头镜片中心到底片等成像平面的距离，焦距越长，画面成像就越大。变焦，即通过变化焦距，改变画面的成像大小，这通常表现为画面的远近变化。

　　现在的智能手机普遍具有两个甚至多个镜头，就是出于画面变焦拍摄的需求而设置的。手机相机启动后，通常会自动匹配常规镜头，能够拍摄到1:1比例的成像画面。若要拍摄主体景物较远的场景画面，就需要使用手机变焦功能，将画面拉近来进行拍摄，从而让画面主体能够有更好的细节和局部呈现。

　　未变焦拍摄和变焦拍摄的效果对比见图4-48和图4-49。

　　以华为手机为例，进入录像模式后，手机相机默认进入常规镜头的焦距画面，点击画面下方的◉按钮，按钮会变化为◉按钮，相机会自动变焦为广角镜头画面，点击◉按钮，相机会重新变为常规焦距。

若是两个焦距镜头都不能满足拍摄需求，可以按住焦距按钮左右滑动，进入焦距调节状态，自行调整画面焦距，如图4-50所示。

数码单反相机和微单相机的变焦过程实际上是通过转动镜头上的变焦环进行的。大家可以根据实际需要，选购匹配自己视频拍摄需求的镜头，例如长焦镜头、中焦镜头、微距镜头等。

图4-48　常规镜头焦距画面

图4-49　广角镜头焦距画面

图4-50　调整焦距

色温：渲染视频的气氛

色温是光线在不同的能量下，人们眼睛所感受到的颜色变化，以开尔文（K）为色温计算单位，简单说就是光线的颜色。而相机所摄画面的色温，会涉及"白平衡"概念。

白平衡是调整色彩的一项参数，英文缩写为WB，是指保持"白色"的平衡，以18%中性灰的"白色"为标准。白平衡的调整过程是通过调整色温而实现的，也可以反过来说，相机画面色温的调节就是白平衡的调节。

在用手机相机拍摄时，可以在专业拍摄模式中为相机设置不同的白平衡来获得不同的色温色调的画面，如图4-51所示。

白平衡同样是通过K值来表示，5200K是中间值，是比较自然的色温画面。白平衡的数值越高，画面色温越高，如图4-52所示；白平衡数值越低，色温较低，如图4-53所示。

图4-51　设置白平衡

图4-52　高色温画面

图4-53　低色温画面

用手机进行拍摄时，可以根据拍摄时的光线和天气来选择合时宜的白平衡数值，现在大多数手机相机还配备有不同拍摄光线下的白平衡数值模式，大家可以根据需要直接选用，如图4-54所示为华为手机的白平衡数值模式选项。

数码单反相机和微单相机同样可以在设置中设置符合拍摄需求的白平衡模式，设置界面与手机相机的界面差别不大，如图4-55所示。

图4-54　白平衡模式 　　　　　　图4-55　相机的白平衡模式

拓展延伸： 不同的白平衡模式介绍。

🔲 **AWB**：自动模式

☁ ：阴天模式，大约为6000K

▦或▥：白色荧光灯模式，大约为4000K

💡 ：钨丝灯模式，大约为3200K

☀ ：日光模式，大约为5200K

🏠 ：阴影模式，大约为7000K

⚡ ：闪光灯

🖳 或🖼：用户自定义模式

在实际拍摄中，我们使用得最多的是自动白平衡模式，即AWB模式，该模式下不需要调整画面白平衡，相机会自己依据拍摄场景来决定画面的色温色调，这样不仅可以得到较为自然的画面色彩，还可以保留较大的后期处理空间。

延时：记录时间的变化

延时摄影，又叫缩时摄影、低速摄影或定时定格摄影，是以一种将时间压缩的拍摄技术，通常是拍摄一组较低帧率的图像，后期通过将照片串联合成视频，用正常或者稍快的速率播放画面的摄影技术。

一段延时摄影视频可以把物体或者景物缓慢变化的过程压缩到一个较短的时间内，将几分钟、几小时甚至是几天的过程压缩在一个较短的时间内以视频的方式播放。这样的影像处理能够呈现出平时用肉眼无法察觉的奇异精彩的景象，如图4-56所示。

延时摄影通常应用在拍摄城市风光、自然风景、天文现象、建筑制造、生物演变等题材上。

延时摄影属于特技摄影方式，但是对主要的拍摄设备的要求不高，所有能够拍摄照片或视频的摄影设备都能够拍摄延时摄影。一般为了影像效果的质量，延时摄影主要以数码单反相机、微单相机和无人机拍摄为主。现在大部分的手机都具备延时摄影功能，如果"UP主"还未购入专业的摄影器材，可以先用智能手机尝试延时画面的拍摄。

手机拍摄延时摄影，需要将手机相机切换到延时摄影模式，如图4-57所示。

延时摄影的拍摄需要稳定的拍摄平台，轻微的晃动都会造成后期视频画面抖动，影响最终的成片效果。所以在进行延时摄影拍摄时，应该使用三脚架等设备保证拍摄画

图4-56　延时摄影

面的稳定。对于大范围移动延时，三脚架更是不能缺少。

延时摄影用时较长，要求拍摄时能够长时间地定时定格拍摄，所以"UP主"在尝试延时摄影时，条件允许的话，可以使用一些辅助摄影器材。常用的辅助器材有定时快门线、延时轨道、云台、赤道仪等。

延时拍摄一般要工作几个小时甚至几十个小时，所以一定要根据所需素材的时长准备充足的备用电池与存储卡，条件允许的话最好接通交流电进行拍摄。同时，因为耗费的时间比较长，一定要注意对摄影器材的保护，避免自然天气等因素的破坏，比如暴晒和低温等。

图4-57　设置延时摄影

若是使用手机进行延时摄影，一定要事先将手机调到飞行模式，避免在拍摄过程中受到电话、短信的干扰。另外，由于手机解锁过程会增加拍摄画面的抖动，因此大家要提前设置好锁屏时间，避免在拍摄时手机锁屏或黑屏。

慢动作：让时间慢下来

慢动作，又叫慢镜头，是一种在影视作品中常用的画面艺术表现手法。正常情况下，电影放映机和摄影机转换频率是同步的，即每秒拍24幅，放映时也是每秒24幅。这时银幕上出现的是正常速度。如果摄影师在拍摄时，加快拍摄频率，如每秒拍48幅，那么，放映时，仍为每秒24幅，银幕上就会出现慢动作，这就是通常所说的"慢动作"。

慢动作最直观的特点就是拍摄画面主体的动作明显变慢，将慢动作插入一组正常速度播放的画面时，观众能够明显感受到画面突然变慢了，这样既能增加画面的多变性，还能为视频增加趣味性。

慢动作画面适用于一些快速变化的景象，比如人物或动物的动作特写、湍急的水流、某些物体落水过程等。图4-58所示为苹果落水的慢动作视频的画面截图。

下面以华为手机为例，介绍如何拍摄慢动作镜头，具体操作方法如下。

❶ 打开手机相机，在画面底部的拍摄模式中，选择"更多"选项，如图4-59所示。

❷ 在弹出的面板中选择"慢动作"模式，如图4-60所示。

❸ 进入图4-61所示的慢动作拍摄界面，点击快门按钮◉就可以开始拍摄。

❹ 若需要更改拍摄速度，可以点击画面显示页面右下角的速率◉按钮，改变拍摄速度，如图4-62所示。

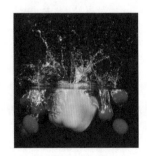

图4-58　落水　　　　　图4-59　点击"更多"

图4-60　点击"慢动作"

图4-61　设置完成

图4-62　调整速率

转场：拍出无缝衔接的转场效果

一个视频作品是由许多个镜头序列排列组合而成的，一个完整的视频作品，是有多个视频场景或视频段落的。在视频中，场景与场景间、段落与段落间的过渡和转换就是摄影人士常说的转场。

通过转场设计，"UP主"可以将多个视频片段巧妙衔接，为视频增加趣味性和节奏性。在B站视频中，有两种常用的转场设计，能够实现视频内容间的无缝衔接，接下来为大家一一介绍。

1. 封挡镜头转场

封挡是指画面上的运动主体在运动过程中挡死了镜头，使得观众无法从镜头中辨别出拍摄对象的性质、形状和质地等物理性能。拍摄者可以通过使镜头靠近某个物体，例如墙面、手掌等，挡住镜头画面，使画面黑屏，再拍摄一个将镜头远离物体的片段，接着就直接拍摄下一个视频场景，实现画面之间的高速转场。

图4-63所示为B站某"UP主"视频中使用封挡镜头转场的画面。

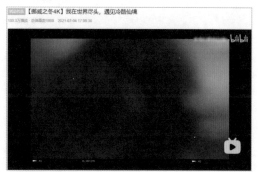

图4-63　封挡镜头转场

2. 空镜头转场

空镜头是指只有景物，没有人物的镜头，空镜头转场具有一种明显的间隔效果。常用的空镜头是天空，常用的拍摄顺序是先从拍摄主体处，将镜头上拉拍摄天空，再进入下一个拍摄场景，从拍摄天空开始，将镜头下拉，待下一场景的拍摄主体入画后，继续下一场景的拍摄。

图4-64～图4-66所示为B站某VLOG视频中的空镜头转场画面。

图4-64所示画面中是一个正在行走的人，镜头逐渐靠近画面人物的背包，并将镜头上拉，拍摄天空空镜头，并拍摄了另一场景的天空镜头（图4-65）。切换到另一场景后，镜头下拉，回到画面人物的背包，视频场景已经切换完毕，如图4-66所示。

图4-64　人物行走画面

图4-65　天空镜头

图4-66　场景切换完成后的画面

3. 出画入画转场

出画入画转场是指前一个场景的最后一个镜头走出画面，后一个场景的第一个镜头主体走入画面。在视频作品中，最常见的出画入画转场就是人物走出某个画面场景，下一个镜头为该人物走入某个场景。

图4-67所示为B站某"UP主"视频中使用出画入画转场的画面。

图4-67 出画入画转场

4.3 善用构图：好构图视频才有美感

构图是指将拍摄主体合理布局，从而利用视觉要素，引导观众视线，达到表现摄影主题的目的，实现作者创作意图。

"熟记于心，落实于行。"想要快速提升摄影技巧，就得把经典的构图样式牢牢记在脑子里。应用经典的构图样式，就能在短时间内提升画面美感。下面介绍几种经典的构图方法。

对称构图：拍出画面的稳定感

对称式构图是指所拍摄的内容在画面正中垂线两侧或是正中水平线上下，画面内容大致对称或对等，布局平衡，结构规矩，如图4-68所示。

对称式构图具有平衡、稳定、相呼应的特点，常用于表现对称的物体、建筑、特殊风格的物体。

图4-68 对称式构图

中心构图：突出画面的主体

　　中心构图是一种最常用的构图方法，通过将拍摄主体放置在画面的中心进行拍摄，以便更好地突出拍摄主体，使观众明确画面重点，更快速地了解画面信息。

　　以中心构图方式拍摄画面最大的优点在于能够明确拍摄主体，并且构图简练，易于上手，能够使画面左右平衡，适合拍摄物体的整体成型画面，如图4-69所示。

图4-69　中心构图

线条构图：让画面更有冲击力

　　线条构图是指通过画面中的线条，布置画面内容，让画面更具冲击力。线条构图主要有水平线构图、引导线构图和对角线构图。

　　水平线构图法能使画面的左右方向产生延伸感，使其显得宽阔、安宁而稳定。水平线构图按水平线在图中的位置可划分为高、中、低三种，适合表现不同高度的景物与画面分野。图4-70所示为灿烂阳光下的草原与天空，在画面中部与低部都运用了水平线，使景致辽阔平和，张力十足。

图4-70　水平线构图

　　引导线构图是指将画面中的某一条线或者某几条线，由近及远形成一种延伸感，从而使观众的视线沿着画面中的引导线汇聚到一点，如图4-71所示。引导线构图能够增强画面的立体感，并且还能引导观众的视线，吸引观众的注意力。

　　对角线构图是一种将画面内容安排在对角线上，让主体与背景衬托物体呼应从而让画面更有平衡感和运动感，增加画面纵深和立体感，给人以满足的感觉的构图技法，如图4-72所示。

图4-71　引导线构图

图4-72　对角线构图

前景构图：拍出画面的层次

前景构图是一种利用拍摄主体与镜头之间的景物进行拍摄的一种构图方式。以前景构图拍摄，在增加画面感、丰富画面内容的同时，能够更好地突出拍摄主体。前景构图分为两种情况，一种是将拍摄主体作为画面前景进行拍摄，另一种是将拍摄主体以外的事物作为画面前景进行拍摄。

图4-73所示为将相对而坐的二人作为拍摄主体，将小路木扶手作为拍摄前景所摄画面，这种构图使得观众能够获得一种视觉上的透视感，营造出一种身临其境的观看体验。

图4-73　前景构图

对比构图：让画面更具趣味

对比构图是指通过具有冲突性的元素构成富有趣味与冲击力的画面，来放大画面的视觉效果。在摄影实践中常常表现为冷暖色彩的对比、光影明暗的对比、虚实的对比、大小的对比、动静的对比等具有矛盾性的画面。

图4-74所示为某"UP主"拍摄的视频中的明暗对比构图画面。"UP主"以相对更为明亮的夕阳作为背景，衬托较为灰暗的人物主体之间的行为动作，这样的拍摄构图，不仅使得画面人物动作更为清晰，还让画面更加立体，具有层次感。

图4-74　明暗对比构图

图4-75所示为某"UP主"拍摄的视频中的大小对比构图画面。拍摄者可以用一些高大的山体与建筑、视野开阔的场景等较为宏大的景物背景来与人物或其他拍摄主体进行大小的对比，并且对比的参照物处在同一平面的构图效果更佳。

除上述几种构图方式之外，还有其他的构图方式，比如三角形构图、景深构图、九宫格构图等，只要大家在拍摄时有符合构图条件的要素，就可以运用不同的构图方式进行拍摄。同一个主体可以尝试使用不同的构图方式进行拍摄，优中选优。

图4-75　大小对比构图

> **提示：** 不管运用的是何种构图，一定要注意保持主体在画面的中心位置。

4.4 灵活运镜：让观众身临其境的运镜窍门

运镜即运动镜头，通过移动镜头让镜头晃动、运动，从而拍摄出动感画面。随着短视频的风靡与普及，用户对视频画面质量的要求越来越高，一个成功的短视频离不开精良优秀的运镜，本节就为大家介绍一些拍摄短视频时非常实用的运镜技巧。

使用推拉镜头实现无缝转场

推拉镜头由推镜头和拉镜头构成。

推镜头是使镜头与画面逐渐靠近，在推动镜头的过程中，画面内的景物（主体对象）会被逐渐放大，使观众的视线从整体看到某一布局，拍摄效果如图4-76所示。

图4-76　推镜头拍摄效果

推镜头是拍摄短视频时常用的一种运镜手法，可以引导观众深刻地感受角色的内心活动，非常适合表现人物情绪。当摄影师需要突出主要人物、细节，或是强调整体与局部的关系时，都可以使用推镜头进行拍摄。推镜头拍摄时，景别由远景变为全景、中景、近景甚至特写，能够突出主体对象，使观众的视觉注意力集中，视觉感受得到加强。

拉镜头是使镜头逐渐远离拍摄对象，在拉动镜头的过程中，画面从某个局部逐渐向外扩展，使观众视点后移，看到局部和整体之间的联系，拍摄效果如图4-77所示。

使用拉镜头拍摄时，镜头空间由小变大，保持了空间的完整性和连贯性，有利于调动观众对整体形象逐渐出现，直至呈现完整形象这一过程的想象和猜测。

图4-77　拉镜头拍摄效果

使用横移镜头拍摄周围环境

移镜头是使镜头在水平方向上，按一定运动轨迹进行的运动拍摄。使用手机拍摄短视频时，如果没有滑轨设备，可以尝试使用双手扶持手机，保持身体不动，然后通过缓慢移动双臂来平移手机镜头，如图4-78所示。

图4-78 移镜头拍摄姿势

移镜头的作用是为了表现场景中的人与物、人与人、物与物之间的空间关系，或者是将一些事物连贯起来加以表现。移镜头与摇镜头的相似之处在于，它们都是为了表现场景中的主体与陪体之间的关系，但是在画面上给人的视觉效果是完全不同的。摇镜头是摄像机的位置不动，拍摄角度和拍摄对象的角度在变化，适用于拍摄距离较近的物体；而移镜头则是拍摄角度不变，摄像机本身的位置移动（或在摄像机不动的情况下，改变焦距或移动后景中的拍摄对象），以形成跟随的视觉效果，可以创造出特定的情绪和氛围，拍摄效果如图4-79所示。

图4-79 移镜头拍摄效果

使用甩镜头切换场景

甩镜头是指一个画面结束后不停机，镜头急速"摇转"向另一个方向，从而将镜头的画面改变为另一个内容，而中间在摇转过程中所拍摄下来的内容变得模糊不清楚，如图4-80所示。不管是用于人物淡化还是转场，都能够非常自然地转接而不显得生硬。

图4-80　甩镜头拍摄效果

使用跟随镜头拍摄人物背影

　　跟镜头，是指镜头跟随运动状态下的拍摄对象进行拍摄，一般有推镜头、拉镜头、摇镜头、移镜头、升降镜头、旋转镜头等形式。

　　镜头跟拍使处于动态中的拍摄对象（主体）在画面中的位置基本保持不动，而前后景可能在不断变化。这种拍摄技巧既可以突出运动中的主体，又可以交代主体的运动方向、速度、体态，以及其与环境的关系，使物体的运动保持连贯性，有利于展示拍摄对象处于动态中的精神面貌，拍摄效果如图4-81所示。

图4-81　跟镜头拍摄效果

使用升降镜头拍出画面拓展感

　　上升镜头，是指摄像机沿垂直方向向上运动拍摄画面，是一种从多视点表现场景的方法。上升镜头拍摄效果如图4-82所示。

图4-82　升镜头拍摄效果

降镜头与上升镜头相反，是镜头沿着垂直方向向下运动拍摄画面。降镜头拍摄效果如图4-83所示。

在拍摄的过程中，不断改变镜头的高度和俯仰角度，会给观众造成丰富的视觉感受。上升和降镜头如果在运动速度和节奏方面得当，则可以创造性地表达一个情节的情调。上升和降镜头常常用来展示事件的发展规律，或用来表现在场景中做上下运动的主体对象的主观情绪。在实际的拍摄中如果能与镜头表现的其他技巧结合运动的话，可以表现出丰富多变的视觉效果。

图4-83　降镜头拍摄效果

使用环绕镜头拍出画面张力

环绕镜头是指拍摄者持镜头环绕主体对象进行拍摄。在拍摄过程中，镜头做圆周运动，可以有效地强调主体对象的存在感，拍摄效果如图4-84所示。

图4-84　环绕镜头拍摄画面

使用蚂蚁镜头拍摄人物步伐

所谓蚂蚁镜头就是低角度镜头，使镜头以超低角度甚至是贴近地面的角度进行拍摄，越贴近地面，空间感越强烈。低角度的拍摄能够聚焦于某一特定部位，最常见的是拍摄脚步行走，这种镜头的运用在很多场景下都可以使用，能够增加画面渲染力，如图4-85所示。

低角度拍摄时稳定器需要保持在全锁定模式，摄影师降低重心，稳定器倒置提握，采用缓慢匀速的步伐前行跟拍。如果可以使用超广角镜头拍摄，画面效果更佳。

图4-85　蚂蚁镜头拍摄效果

使用摇镜头拍摄整体全貌

摇镜头指的是当相机机位不动，借助于三脚架上的活动底盘或拍摄者自身做支点，变动相机光学镜头轴线的拍摄方法。摇镜头的画面类似人们转动头部，环顾四周或将视线由一点移向另一点的视觉效果。

一个完整的摇镜头包括：起幅、摇动、落幅三个相互贯连的部分，如图4-86所示，画面从起幅到落幅的运动过程，能够迫使观众不断调整自己的视觉注意力。

摇镜头有多种拍摄方式，可以左右摇，也可以上下摇，还可以斜摇，或者与移镜头混合在一起使用。在拍摄时，

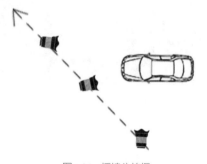

图4-86　摇镜头拍摄

使用缓慢的摇镜头，对所要呈现给观众的场景进行逐一展示，可以更好地展示空间，扩大视野，有效地拉长时间和空间效果，从而给观众留下深刻的印象。摇镜头还能够介绍、交代同一场景中两个主体的内在联系。

摇镜头可以使拍摄内容表现得有头有尾、一气呵成，因此要求开头和结尾的镜头画面目的明确，从一个拍摄目标摇起，到另一个拍摄目标结束，两个镜头之间的一系列过程也应该是被表现的内容，整个摇动过程应该力求完整与和谐。拍摄效果如图4-87所示。

图4-87 摇镜头拍摄画面

> **提示：** 在拍摄视频时，如果画面抖动过于剧烈，用户在观看时会产生眩晕感，造成不良影响。所以无论"UP主"采用推、拉、摇、移、跟等何种摄影运镜进行拍摄，保持画面的稳定与清晰是很重要也是很基本的视频创作要求与技巧。

第5章

随剪随传：为你的视频
锦上添花

　　如今各类视频遍地开花，用户的审美水平日益提高，单凭摄像头拍出的未加修饰的视频确实很难引起别人的兴趣。因此"UP主"更应学习后期软件进行修饰处理，使画面更加出彩。

5.1 各有千秋：常用剪辑工具与平台

随着短视频的流行，目前市面上，短视频剪辑App层出不穷，有些短视频平台还研发了与自身视频平台链接的视频剪辑App。随着市场的完善与发展，用户的剪辑需求不断上升，一款优秀的视频剪辑App不仅要具备强大的视频编辑处理能力，还要有简洁明了的操作界面和便捷易懂的操作流程。

必剪

必剪作为B站推出的视频剪辑工具，可以说是一款非常适合用于视频创作新人的视频剪辑"神器"。必剪在操作简单、功能强大的同时，并不收取任何费用，还直接与B站链接，深受广大B站"UP主"的喜爱。必剪支持电脑端、手机端和iPad端设备的使用，不过目前电脑端的功能还在完善中，因此本书主要以必剪手机端为例进行讲解。

剪映

剪映是一款全能易用的免费的视频处理软件，同样支持电脑端和手机端进行视频的剪辑与加工。该软件集视频拍摄与后期加工于一体，无论是长视频还是短视频都可以进行处理，而且操作简单，新用户能够快速上手。剪映功能比较全面，界面简洁清晰，操作便捷高效，如图5-1所示。

剪映有六大核心剪辑功能，即一键成片、图文成片、拍摄、录屏、创作脚本和提词器，满足用户多样的视频剪辑需求。"剪同款"模块中，剪映为用户提供了不同主题类型的模板，方便用户制作精美视频，如图5-2所示。另外还设有"创作课堂"模块，里面提供有关剪辑、拍摄、创作思路、账号运营等课程，为用户提高剪辑技术、运营视频账号提供助力，如图5-3所示。

图5-1 剪映   图5-2 "剪同款"模块   图5-3 "创作课堂"模块

Premiere Pro

Premiere Pro，即大众常说的Pr软件，是最早的一批非线性编辑软件之一，发展多年，经历数次更新迭代，是支持第三方插件最多，功能最完善的一款剪辑软件，兼容性好，同时支持macOS系统和

Windows系统。图5-4所示为Premiere Pro的剪辑操作界面。

　　Premiere Pro的众多功能使得它较为"臃肿"，运行使用时对电脑的配置有很高要求，稳定性不好，流畅度欠佳，容易导致电脑在操作过程中卡死、闪退。Premiere Pro的另一个缺点就是昂贵，它在国内属于订阅制，每年都要支付不菲的订阅费。

图5-4　Premiere Pro的剪辑操作界面

Final Cut Pro

　　Final Cut Pro，常常被用户简称为FCPX，是一款相对比较容易上手的专业剪辑软件，剪辑效率高，运行稳定、不崩溃，支持使用各类第三方插件，操作简单流畅，让人能享受剪辑的乐趣。另外，它是一次付费终身使用，无需缴纳后续费用，价格也相对便宜。该软件也是非线性编辑软件，但是仅限macOS系统的电脑使用。

5.2　认识必剪："UP主"都在用的视频剪辑神器

　　必剪支持用户随剪随传以及一键投稿至B站平台，并且结合B站的内容特点，内置富有B站内容特色的热门素材库，可以帮助"UP主"实现高效的B站视频制作与投稿工作。用户使用必剪，通过便携的手机就能完成拍摄、剪辑、上传、管理等一系列视频的制作与运营工作。

软件安装：应用商店轻松搞定

　　下载安装必剪App的方法非常简单，用户只需要在手机应用市场中搜索"必剪"并安装即可。下面以Android系统为例，为大家说明下载和安装必剪的方法。

　　首次安装必剪，用户需要打开手机"应用市场"，如图5-5所示。

　　进入"应用市场"后，在搜索栏中输入"必剪"，点击搜索到的应用，打开应用详情页，查看应用信息，点击"安装"按钮，根据提示进行操作即可完成必剪的安装，如图5-6所示。安装完成后可在手机桌面找到该应用。

图 5-5　打开应用市场　　　　　　　　　　图 5-6　安装必剪

绑定账号：注册登录一步到位

　　必剪支持用户绑定 B 站账号，从而实现项目剪辑完成后一键投稿上传至 B 站平台。绑定账号的具体操作步骤如下。

　　❶ 打开必剪 App，点击页面右下角的"我的"，如图 5-7 所示。

　　❷ 进入用户内容
页面，点击页面上方的
"注册或登录"，如图 5-8
所示。

　　❸ 进入账号登录页
面，勾选用户协议和隐私
政策，用户可以选择"手
机号码＋验证码"的验证
登录形式进行账号登录，
也可以直接选择"哔哩哔
哩客户端登录"，如图 5-9
所示。

图 5-7　点击"我的"　　　图 5-8　注册或登录　　　图 5-9　填写登录信息

> **提示**：之前尚未注册或绑定哔哩哔哩账号的手机号码，系统会自动帮用户注册新账号。

❹ 进入哔哩哔哩账号登录的账号绑定页面，点击"确定"，进行账号绑定，如图5-10所示。账号绑定完成后会自动跳转回用户内容页面，并且账号的头像、用户名和简介会自动显示到页面的最上方，如图5-11所示。

图5-10 绑定账号 图5-11 绑定成功

视频教程：辅助新手完成创作

打开必剪，通过点击界面底部的"创作""素材集市""学院"和"我的"，可以切换至对应的功能页面。必剪官方推出的"学院"为用户提供内容丰富、知识浓缩的视频教程，辅助新手"UP主"完成视频创作，如图5-12所示。

必剪的"学院"主页，根据不同课程内容，设置了玩法教程、新手必看、UP必备这3种主题教程，以满足用户多样化的创作需求，另外还设置了收藏页，方便用户查看自己收藏的精品视频教程，如图5-13所示。

图5-12 必剪学院

图5-13 学院内的课程

创作主页：功能模块按需点选

打开必剪，通常会默认进入"创作"功能界面，如图5-14所示。必剪的创作主页主要分为开始创作、虚拟形象、编辑模块栏、草稿箱四大模块。

图5-14　创作页面

1. 虚拟形象

创作主页中有一个"虚拟形象"模块，用户可以在此设置自己在必剪中的虚拟编辑形象，如图5-15所示。虚拟形象创建成功后会显示在该模块区域，图5-16所示为虚拟形象示例。

用户可以通过虚拟形象进行虚拟形象创作，并进行相应的B站视频投稿。下面为大家简单介绍虚拟形象创作与投稿的步骤。

图5-15　虚拟形象入口　　　图5-16　虚拟形象示例

❶ 点击创作主页的虚拟形象，可以看到虚拟形象的全貌，如图5-17所示。用户可以使用当前已有虚拟形象，也可以点击"去装扮"，重新设置虚拟形象。

❷ 虚拟形象设置完成后，点击"使用当前形象去创作"。

❸ 进入虚拟形象的创作页面。用户可以根据实际需要，选择已有创作模板下方的"前往创作"，也可以点击页面右上角的"自定义创作"进行全新创作，如图5-18所示。

图5-17　虚拟形象全貌　　　图5-18　虚拟形象创作

④选定好创作模块或是进入"自定义创作"后，进入素材编辑页面，用户可以开始进行视频的剪辑工作，如图5-19所示。

⑤视频剪辑完成后，点击右上角的导出，进入视频投稿的信息编辑页面，如图5-20所示。用户可以根据创作需求，选择视频封面、分区、类型、标题，并为视频创作适宜的标题，另外还可以填写视频简介、动态等内容。

⑥视频信息编辑完成后，用户可以勾选《哔哩哔哩创作公约》，点击"发布B站 每日瓜分奖金"，将视频投稿至B站，或者点击"保存"⊠将视频保存至草稿箱，如图5-21所示。

图5-19 素材编辑页面　　图5-20 投稿信息编辑页面　　图5-21 保存或投稿

2. 编辑模块栏

创作主页中有编辑模块栏，从左往右，分别有"视频模板""文字视频""游戏大片""鬼畜工具""录屏""录音""语音转字幕"共7个功能模块，如图5-22所示。

下面为大家介绍视频模板、文字视频、游戏大片、鬼畜工具和录屏这5个剪辑创作功能，录音和语音转字幕会在下文的音频处理和文字标题处为大家一一说明。

◆ 视频模板

视频模板就是必剪根据某一创作主题与需求，事先制作了完整的视频内容，并将其设置为由用户直接替换素材、套用模板的快捷创作内容。必剪内置了丰富的视频模板供用户选择，并且将模板根据不同内容领域设置了不同主题，例如如"名场面"、"VLOG"主题模板、"游戏"主题模板等。使用视频模板创作视频的具体步骤如下。

❶在必剪的创作主页中，点击"视频模板"，进入视频模板的选择页面，选择完毕后点击"去制作"，如图5-23所示。

图5-22 编辑模块栏　　　　　图5-23 视频模板

❷ 选定视频模板之后，开始选择应用在模板中的素材片段。用户可以根据需要在本地资源中选择素材片段，也可以在必剪的素材库中选择素材片段，如图5-24所示。

图 5-24　添加视频素材

❸ 素材选择完毕后，点击"下一步"，进入图5-25所示的视频编辑页，根据需要对套入模板后的视频进行剪辑创作。完成对视频内容的编辑后，点击右上角的"导出"。

❹ 视频导出完成后，会自动跳转至视频信息编辑页，用户根据需要填写完视频的相关信息后，可以选择保存至草稿箱或是直接上传至B站，如图5-26所示。

图 5-25　视频编辑页　　图 5-26　填写信息，上传或保存

◆ 文字视频

文字视频是指以文字为主要分享内容的视频，在B站平台中，文字视频常出现在经验分享、知识科普、内容解说等类型的视频中。必剪内置了丰富的视频模板供用户选择，并且将模板根据不同内容领域分为了文字语录和社会杂谈两种。使用文字模板创作视频的具体步骤如下。

❶ 在必剪的创作主页中，点击"文字模板"，进入视频模板的选择页面，选择完毕后点击"去制作"，如图5-27所示。

图 5-27　文字视频

② 选定文字模板后，用户可以根据创作需要，选择文字内容的输入方式。输入方式有输入文字、专栏链接提取、音频导入共三种方式，如图5-28所示。

③ 以"输入文字"为例，点击"输入文字"，进入视频文字内容的输入页面，如图5-29所示。用户可以根据创作需要输入或是直接粘贴文字内容，字数需要控制在5000以内。文字输入完成后，点击页面右上角的"生成视频"。

④ 视频生成完毕后，自动进入图5-30所示的视频剪辑页面，用户剪辑完成后，点击页面右上角的"导出"。

⑤ 视频导出完毕后，自动进入图5-31所示的视频信息填写页面。用户可以选择将视频存入草稿箱，或是填写完相应信息后，点击"发布B站 每日瓜分奖金"，直接投稿该视频。

图5-28 选择输入方式　　图5-29 文字编辑页面　　图5-30 视频剪辑页面　　图5-31 信息填写页面

◆ 游戏大片

"游戏大片"主要是针对录制游戏视频的游戏区"UP主"的创作需求建立的，"UP主"可以直接选取游戏过程中的录屏素材进行视频剪辑。该功能不限适用的游戏款式类型，但是"UP主"选取王者荣耀、和平精英、英雄联盟手游的实录素材能够保证最佳的成片效果。

下面简单介绍游戏大片的制作流程。

① 在必剪的创作主页中，点击"游戏大片"，进入游戏大片的素材选择页面，选择完毕后点击"生成大片"，根据实际需要点击弹窗中的"重选素材"重新选取视频素材，或是点击"进入编辑器"按钮，开始剪辑视频，如图5-32所示。

图5-32 选择素材

❷ 进入游戏大片剪辑界面，在下方工具栏中点击"剪辑""音频""文字"等按钮，进行相应的剪辑操作，操作完成后，点击页面右上方的"导出"按钮，如图5-33所示。视频导出完成后，可将视频保存至草稿箱，或是直接发布至B站平台。

◆ 鬼畜工具

用户初次使用鬼畜工具时，必剪会自动弹出名为"快速上手鬼畜生成工具"的介绍视频（图5-34），用户可以通过该视频简单了解鬼畜工具的使用方式。

鬼畜工具的使用非常简单，只需要经过选择素材、鬼畜创作、视频导出这三大步骤即可完成鬼畜视频的创作，下面介绍具体操作。

❶ 点击创作主页的"鬼畜工具"，进入图5-35所示的鬼畜素材选择页面，用户可以上下滑动，选择合适的素材。素材选择完成后，点击"使用素材"，进入图5-36所示的鬼畜制作页面。

图5-33　视频编辑器

图5-34　介绍视频

图5-35　选择素材

图5-36　鬼畜制作页面

鬼畜素材有鬼畜剧场和鬼畜RAP两种视频类型的适用素材，部分素材可以制作这两种类型的视频，部分素材只能制作其中一种类型的视频，用户可以按需选择合适类型。

鬼畜剧场是指适用鬼畜素材进行二次创作，导演出一个全新的故事。鬼畜RAP是指将鬼畜素材在音频、画面上做一定处理，使视频素材的音频、画面与BGM（背景音乐）之间产生一定的同步感。

❷ 在鬼畜制作页面，点击"添加镜头"，从鬼畜素材中选择可应用的镜头片段，如图5-37所示。

图5-37　添加镜头

❸ 镜头添加成功后，可以点击素材的 ☑ 修改按钮，进入图5-38所示的台词修改页面，调整素材片段的音频内容。

> **提示:** 最少要创作10个片段才能导出素材或进行视频剪辑。

❹ 镜头添加完毕并将对应台词修改无误后，可以根据需要点击页面右上角的"去剪辑"或是"导出"按钮，进行相应操作。

❺ 以导出视频为例，点击页面右上角"导出"后，会跳转至图5-39所示的视频导出页面，注意不要在视频生成导出的过程中息屏或切换应用。

❻ 视频导出成功后，可以将视频保存至草稿箱，也可以将视频的稿件信息填写完毕后直接投稿至B站，如图5-40所示。

图5-38　台词修改页面

图5-39　视频导出

图5-40　保存或投稿

◆ 快捷录屏

必剪支持用户进行手机录屏操作，并分为快捷录屏和手动录屏两种，如图5-41所示。

图5-41　录屏

将支持录屏的应用添加至"快捷录屏"区后，用户可以直接从必剪打开此应用，并自动开始录屏。下面将介绍"快捷录屏"模式下，录屏功能的操作步骤。

❶ 打开必剪App，点击创作主页的"录屏"按钮，"快捷录屏"模式下，用户可以选择"开始扫描"或"手动添加"支持快捷录屏的手机应用至必剪中，如图5-42所示。

❷ 点击"开始扫描"可以通过系统扫描，添加手机中已安装的热门游戏，如图5-43所示；点击"手动添加"，则是用户自主选择添加手机中已安装的任何应用，如图5-44所示。

图5-42　快捷录屏

图5-43　扫描添加

③ 应用添加完毕后，如图5-45所示。点击想要进行录屏操作的应用，进入录屏设置与开始页面，如图5-46所示。

④ 点击录屏页面参数，进入参数设置页面，根据需要设置各项参数，如图5-47所示。设置完成后点击页面右上角的☑按钮，返回录屏开始页面，点击"开始录屏"。

图5-44 手动添加

图5-45 应用添加完毕

图5-46 设置录屏信息

图5-47 设置视频参数

⑤ 必剪 App 会自动弹出询问访问权限的对话框，点击"允许"，如图5-48所示。

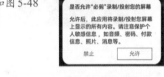
图5-48 允许录屏

⑥ 开始录屏后，页面自动切换至需要进行录屏的应用界面。录屏期间，屏幕右上角会出现录屏浮窗 ◙，如图5-49所示。该浮窗可以随意调整位置。

⑦ 点击录屏浮窗，可以点击 ▣ 按钮停止录屏，也可以点击 ▯ 按钮暂停录制，如图5-50所示。若用户暂停录制后，想要继续录制，可以点击 ▶ 按钮，继续录屏，如图5-51所示。

图5-49 录屏浮窗

图5-50 "停止"与"暂停"

图5-51 "停止"与"继续"

❽ 录屏完成后，点击■按钮停止录屏，自动进入录屏素材剪辑页面，用户可以在此页面进行素材剪辑工作后再导出，也可以直接点击页面右上角"导出"按钮，保存原始录屏素材，如图 5-52 所示。

◆ 手动录屏

手动录屏是直接进入录屏的页面参数设置页面，用户将参数设置完成后，可以直接点击"开始录屏"，并允许访问权限，如图 5-53 所示。

开始录屏后，页面会自动跳转至必剪所在的手机桌面，屏幕右上角会出现录屏悬浮◎，如图 5-54 所示。用户根据录屏需要，点开相应应用进行操作即可，后续操作步骤与"快捷录屏"区的录屏操作一致。

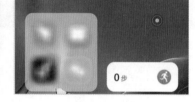

图 5-52　保存录屏素材　　　　图 5-53　开始录屏　　　　　　图 5-54　录屏浮窗

3. "开始创作"和草稿箱

用户若是要直接进行一个完整的视频素材剪辑，点击"开始创作"即可，如图 5-55 所示。用户若是想要继续之前在必剪进行的未完成的剪辑项目，选择草稿箱中的对应剪辑项目即可，如图 5-56 所示。

图 5-55　开始创作　　　　图 5-56　草稿箱

编辑界面：功能清晰上手简单

在创作主页中点击"开始创作"，进入素材添加页面，选定好剪辑素材后，就可以正式开始视频剪辑了。

必剪的编辑界面简洁明了，各项剪辑功能都在功能图标下方标注了相应的文字说明，用户使用起来易于上手。图5-57所示为必剪中剪辑视频素材的剪辑页面，有供用户使用的13个功能，包括剪辑、音频、文字、贴纸、特效、虚拟形象、B站热梗、一键三连等。

除了对视频整体的剪辑创作之外，必剪还支持用户对画面细节进行补充创作，用户只需要拖动指示线至想要调整的视频画面位置，即可进行相应操作。图5-58所示为必剪提供给用户的调整画面细节的各项功能。

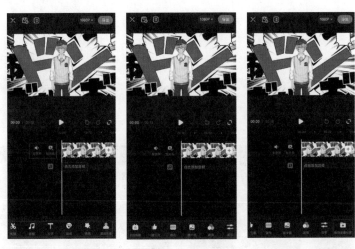

图 5-57　剪辑功能

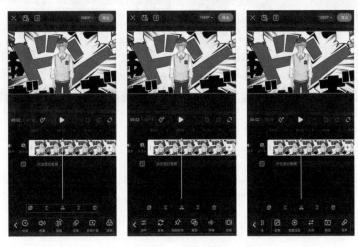

图 5-58　画面剪辑

5.3 视频剪辑：三分靠拍摄七分靠剪辑

视频中的每个原始素材都需要精心的筛选和编辑，这个流程被称为剪辑。制作一个视频可以选取其中一个部分，也可以对整个视频进行剪辑处理，剪辑的切入点和播放顺序可以按照创作者的需要进行排列，以期达到最佳的效果。下面以必剪App为例，为大家介绍完成一个视频作品剪辑的基础操作流程。

常规素材：图片视频随心导入

必剪支持用户导入本地存储的视频或图片形式的常规素材。下面介绍添加图片、视频等常规素材的基本操作。

❶ 打开必剪，在主界面点击"开始创作"按钮，如图5-59所示。

❷ 进入素材添加界面，选择需要的视频素材与图片素材，然后点击"下一步"按钮，进入视频编辑界面，如图5-60所示。

❸ 在视频编辑界面可以看到选择的素材被自动添加到了界面下方的编辑区域，并且素材已按照选择的先后顺序进行了排序，这就说明素材导入成功。用户可以在上方的预览区域查看视频画面效果，如图5-61所示。

图5-59 在主界面点击"开始创作"按钮

   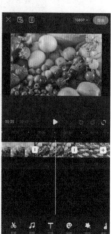

图5-60 选择素材   图5-61 素材导入成功

素材库：经典画面轻松获取

在必剪的素材添加界面中，用户可以使用必剪内置的视频素材库，为视频制作更加丰富的画面效果。下面为大家简单介绍素材库的相关操作。

素材库中提供了"UP必备""热梗""动漫""鬼畜""萌宠"和"虚拟UP主"等不同主题类型的视频素材，如图5-62所示。

素材库中的每个素材主题还下设有更加详尽的内容主题，如图5-63所示为"UP必备"主题下的素材分类，其中包含了电视没信号、电视雪花等视频素材。

用户点击对应主题类型的素材按钮后，可以进入该类型的素材库中选取心仪的素材添加到视频中，部分素材支持用户进行收藏（如图5-64所示），用户可以在素材库的"我的收藏"中查看自己已收藏的素材。

用户可以灵活运用素材库中的视频素材，为视频加入一些深入人心的经典画面，这不仅可以打造更加丰富的视觉效果，还能够为视频制造更多趣味和变化。

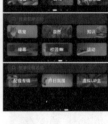

图5-62　素材库

图5-63　素材分类

图5-64　收藏素材

拓展延伸： 除了让用户可以在添加视频素材时，进入素材库进行视频素材的选取，必剪还特别设置了"素材集市"版块。

打开必剪App，点击最下方的"素材集市"，即可进入必剪的"素材集市"版块。该版块提供视频库、音效、转场、滤镜、字幕、音乐、贴纸、特效、背景、字体共10种不同类型的素材，为用户的视频创作提供助力，如图5-65所示。

用户还可以在素材集市的"我的收藏"栏中，查看自己收藏的各类视频创作相关素材，如图5-66所示。

图5-65　素材集市

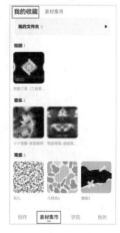

图5-66　我的收藏

分割：素材片段随意截取

在添加了众多的视频素材后，需要先将视频素材进行大致的分割剪辑，将素材中的无用片段删除，保留视频内容创作的精华素材，快速确定视频作品的雏形。将视频内容的基础素材全部处理完毕后，用户就可以根据创作计划或灵感，对视频进行更详尽的素材片段截取工作。

下面为大家简单介绍分割素材的相关操作。

❶ 点击视频素材将其选中，将画面时间线滑动到需分割的位置，点击底部工具栏中的"剪辑"按钮，在出现在画面编辑栏中点击 ✂ "分割"按钮完成素材分割，如图5-67所示。

❷ 选中分割完成的素材片段，点击底部工具栏中的 🗑 "删除"按钮，可将选中的素材片段删除，如图5-68所示。删除素材后的视频素材如图5-69所示。至此，就完成了视频的基础剪辑。

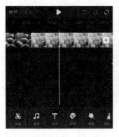 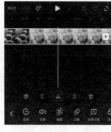 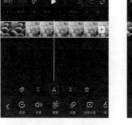 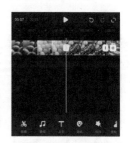

图5-67 分割素材　　　　　图5-68 删除视频素材　　　　图5-69 删除后效果

> **提示：** 分割素材法适用于需删去较短的素材片段时，若需要删去的是整段视频素材，将其选中后点击"删除"按钮即可。

变速：视频快慢随意调节

在制作B站视频时，经常需要对素材片段进行一些变速处理以增加视频内容的多样性。例如，使用快速播放的画面对应快节奏的音乐进行剪辑，可以使视频节奏更加动感紧凑。

在必剪中，视频素材的播放速度是可以通过变速处理进行自由调节的。将画面时间线移动到需要进行操作的画面位置并点击素材条，在出现的编辑功能栏中，点击"变速"（如图5-70所示），此时在功能区中出现了"常规变速"和"曲线变速"两个选项，如图5-71所示。

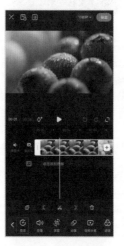 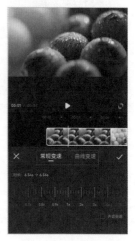

1. 常规变速

点击"常规变速"，可以对视频素材进行相应的变速设置。一般情况下，视频素材的原始倍速为1x，即视频素材默认为正常倍速，拖动变速刻度线█可以调整视频的播放速度。当用户左右拖动变速刻度线时，刻度线上方会显示当前视频倍速，如图5-72所示。另外，用户可以根据创作需求，勾选右下角的"声音变调"复选框，使

图5-70 点击"变速"　　　图5-71 常规变速与曲线
变速

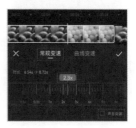

图5-72 常规变速

素材声音发生变化。

当用户对视频素材进行常规变速操作时，素材的长度也会发生相应的变化，用户可以在变速刻度线左上角的"时长"处查看相应的素材长度变化。视频倍速小于1x时，视频的播放速度将会变慢，素材的持续时间会变长，从而素材长度也会变长；当视频倍速大于1x时，视频的播放速度将会变快，素材的持续时间会变短，从而素材长度也会变短。

2.曲线变速

点击"曲线变速"，可以对视频进行相应的变速设置，如图5-73所示。在"曲线变速"的选项设置栏中罗列了不同的变速曲线选项，包括高光时光、子弹时间、蒙太奇、跳切、闪进、闪出及自定义。若是用户对素材进行一系列的变速设置后，决定不使用曲线变速，可以直接点击功能栏中的"无"，取消所有曲线变速的应用。

图5-73　曲线变速

在"曲线变速"中，任意应用一个曲线变速选项，可以在画面的实时预览区中查看视频的显示效果。以"高光时光"为例，首次点击该选项按钮，将在预览区域中自动展示该选项内容应用在视频中的实际变速效果，如图5-74所示，此时可以看到"高光时光"选项按钮变为 ![图标] 状态。

再次点击"高光时光"选项，会进入"高光时光"的变速曲线编辑面板。在这里可以看到该选项的曲线起伏状态，每个控制点表示为对应素材画面的变速倍数，用户可以对曲线中的各个控制点进行拖动调整，还可以删除原有变速点，增加新的变速点，如图5-75所示。若是对调整后的变速效果不满意还可

图5-74　应用"高光时光"

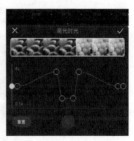

图5-75　设置"高光时光"

以直接点击"重置"回到"高光时光"的原始变速设置中。

排序：片段顺序拖动改变

视频的剪辑创作的一个重要组成部分就是将多个片段素材剪辑重组，形成一个完整的视频项目。当用户在同一个视频编辑轨道中有了多个素材片段，并且需要调整片段的前后播放顺序时，只需点击长按素材，将其拖动到对应的素材顺序即可，如图5-76和图5-77所示。

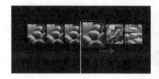

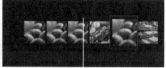

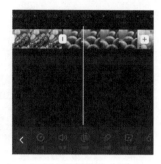

图5-76 拖动素材片段

图5-77 排序完成

画面：满足不同观看需求

画面调整也是视频剪辑创作的重要一环。用户可以借助必剪的画布、画面等功能，调整视频画面，丰富和完善视频的画面效果，满足观众多样化的观看需求。

1. 画布

在必剪的视频剪辑页面中，用户可以左右滑动编辑功能栏，点击"画布"▭按钮，对视频素材的画布、缩放、背景进行个性化设置，如图5-78所示。

◆ 画幅

用户可以对视频画面的画幅比例进行调整，必剪支持视频使用"16:9""4:3""2:1"及"1:1"比例的画幅，用户可以根据需要选定画幅，并在上方的画面显示器中查看对应画幅的显示效果，如图5-79所示。

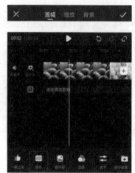

图5-78 点击"画布"

图5-79 调整画幅

◆ 缩放

必剪支持用户手动调整画面。用户只需要在素材轨道区域选中素材，然后在预览区域中，通过双指的开合滑动来调整画面的缩放比例。双指相向滑动，可以缩小画面，如图5-80所示；双指背向滑动，可以放大画面，如图5-81所示。

用户还可以在画布的"缩放"功能栏中，通过"自适应"让画面自动缩放以适应画面大小，或是通过"拉伸"让画面左右拉伸适应画面大小，

图5-80 缩小画面

图5-81 放大画面

同时还可以点击"应用全部",让所有素材应用设置好的缩放比例,如图5-82所示。

◆ 背景

如果素材片段没有铺满画布,会使视频画面的四周出现黑色边框,影响视频的观感。此时若是单纯地将画面放大,难免会造成画面内容的部分缺失。用户在使用必剪时,可以通过为画面设置颜色背景或是图案背景来辅助画面铺满画布,以达到丰富画面效果的目的。

用户在"画布"的背景功能栏中即可为视频画面选择合适的背景,设置完毕后还可以点击"应用全部",让所有素材应用设置好的画面背景。图5-83所示为设置了颜色背景的视频画面,图5-84所示为设置了图案背景的视频画面。

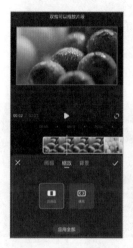

图5-82 "缩放"功能栏

图5-83 颜色背景

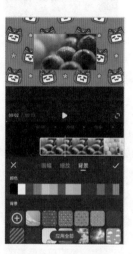

图5-84 图案背景

2. 画面

在必剪的视频剪辑页面中,点击需要编辑的素材片段,用户可以在下方的编辑功能栏中点击"画面" 按钮,对视频素材进行裁剪、旋转、翻转等设置,如图5-85所示。

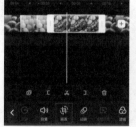

图5-85 点击"画面"

◆ 裁剪

在视频剪辑创作工作中,当素材画面要素过多或是画面构图效果不够明显时,用户可以使用"裁剪"功能,对画面中的边角内容进行割舍,从而精简画面内容要素,达到突出画面主体的目的。

在素材的轨道区域选定好需要进行裁剪的画面后,点击"画面"中的"裁剪" 按钮。必剪的"裁剪"功能中支持用户进行自定义裁剪,也支持用户使用"16:9""9:16""1:1"和"4:3"的裁剪比例来裁剪出不同的画面效果,如图5-86所示。

除裁剪画面外,用户还可以在"裁剪"功能栏中移动旋转刻度线 ,对画面进行旋转设置。点击左上角的 按钮,可以重置"裁剪"中的相关设置,如图5-87所示。

图 5-86 选择裁剪比例　　　　　　　图 5-87　旋转与重置

◆ 旋转

用户在"画面"工具栏中，每点击一次"左转"🔄按钮，可以使素材画面向左旋转 90°，并且不会改变画面大小。图 5-88 所示为原始素材画面与单击"左转"🔄按钮后素材画面的对比。

◆ 翻转

通过必剪中的翻转功能，用户可以轻松地将素材画面进行翻转。必剪支持用户对素材画面进行水平翻转和垂直翻转。

水平翻转是指将画面左右翻转 180°，垂直翻转是指将画面上下翻转 180°。

在素材的轨道区域选定好需要进行翻转的画面后，根据剪辑需要，点击"画面"中的🔼"水

图 5-88　素材画面对比

平翻转"按钮或▶"垂直翻转"按钮，即可将画面进行相应翻转。图 5-89 所示为素材画面水平翻转的前后对比，图 5-90 所示为素材画面垂直翻转的前后对比。

图 5-89　水平翻转对比　　　　　　　　　　图 5-90　垂直翻转对比

滤镜：视频风格一键切换

用户可以通过为视频素材添加滤镜，对画面效果进行一键处理，不仅掩盖画面的原始缺陷，还能使画面拥有特殊的艺术效果，变得更加绚丽。必剪为用户提供了几十种视频滤镜效果，合理运用这些滤镜效果，能够帮助用户事半功倍地对素材画面进行美化，从而使视频作品更具观赏性。

在必剪的视频剪辑页面中，用户可以左右滑动编辑功能栏，点击 📷 "滤镜"按钮，从人物、电影、风景、美食等不同滤镜主题中，为视频素材选择合适的滤镜，如图5-91所示。

点击对应滤镜，可以在上方的素材画面预览栏中查看素材应用滤镜后的画面效果，此时素材的进度条页面中会显示该素材当前所应用的滤镜效果。用户可以拖动滤镜功能栏左下方的强度进度条，调整滤镜效果的显示强度，还可以点击 ◐ 按钮，查看画面应用滤镜前后的对比效果，如图5-92所示。

在必剪中，用户可以将滤镜应用到单个素材中，也可以点击"滤镜"功能栏右下角的"应用全部"，将滤镜应用到整个视频项目的所用素材片段中。图5-93所示为全部应用了"人生一串"滤镜后的视频编辑页面。

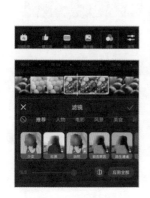

图5-91　选择滤镜　　　　　　图5-92　设置滤镜　　　　　　图5-93　点击"应用全部"
　　　　　　　　　　　　　　　　　　　　　　　　　　　　　　　后的画面

蒙版：特定区域特殊效果

蒙版，在部分剪辑软件中又被称为"遮罩"，是指用户应用蒙版功能遮挡部分素材画面，它是视频剪辑创建中的一项常用功能。必剪为用户提供了"线性""镜像""矩形"及"圆形"共4种形状的蒙版，可以帮助用户将画面中的某个部分以几何图形的画面形态在另一个画面中显示。

点击想要应用蒙版的视频素材后，在右下方的编辑功能栏，点击 ⟳ "蒙版"按钮，即可进入视频素材的蒙版编辑栏，查看不同形状的蒙版选项，如图5-94所示。

根据创作需要，在选项栏中点击相应的形状蒙版，可以在功能栏上方的画面预览栏中查

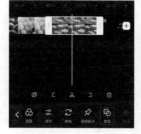

图5-94　蒙版功能

看对应的画蒙版面效果。点击右下角的"逆向"按钮,可以逆转蒙版形状的应用位置。点击"无"按钮或是"重置"按钮,可以撤销蒙版效果。

图5-95所示为未应用蒙版效果的原始素材画面,图5-96所示为应用"线性"蒙版后的素材画面,图5-97所示为逆向应用"线性"蒙版后的素材画面。

图5-95　原始素材画面　　图5-96　应用"线性"蒙版　　图5-97　应用逆向"线性"蒙版

5.4　音频处理:成倍提升视频档次

一个完整的视频作品,通常是由画面和音频这两个部分组成,视频中的音频可以是视频原声、后期录制的旁白,也可以是特殊音效或背景音乐。对于视频来说,音频是不可或缺的组成部分,原本普通的视频画面,只要配上调性明确的背景音乐,视频就会变得更加打动人心。本节以剪映App为例,为大家介绍视频剪辑创作中的音频处理操作。

音乐库:迅速获取背景音乐

在剪映中,用户可以自由地调用音乐素材库中提供的不同类型的音乐素材,且支持轨道叠加音乐。此外,剪映还支持用户将抖音等其他平台中的音乐添加至剪辑项目。

下面为大家简单说明如何在剪映的视频编辑页面中,从音乐库中获取视频音乐。

❶ 在轨道区域中,将画面时间线定位至所需时间点,在未选中素材状态下,点击"添加音频"选项,或者点击底部工具栏中的 🎵 "音频"按钮,然后在打开的音频选项栏中点击 🎵 "音乐"按钮,如图5-98所示。

图5-98　添加音频

❷ 进入剪映音乐库，如图5-99所示。剪映音乐库中对音乐进行了细致地分类，用户可以根据音乐类别来快速挑选适合自己影片基调的背景音乐。

❸ 在音乐库中，点击任意一款音乐，即可对音乐进行试听，此外，通过点击音乐素材右侧的功能按钮，可以对音乐素材进行进一步操作，如图5-100所示。

音乐素材功能按钮说明如下。

◆ ☆收藏音乐：点击该按钮，可将音乐添加至音乐素材库的"我的收藏"中，方便下次使用。

◆ ⬇下载音乐：点击该按钮，可以下载音乐，下载完成后会自动进行音乐播放。

◆ 使用 使用音乐：音乐下载完成后，将出现该按钮，点击该按钮即可将音乐添加到剪辑项目中，如图5-101所示。

图5-99　剪映音乐库　　　图5-100　音乐试听与操作　　　图5-101　使用音乐

音频提取：获取视频中的音频

剪映支持用户对本地相册中拍摄和存储的视频进行音乐提取操作，简单来说就是将其他视频中的音乐提取出来并单独应用到剪辑项目中。

提取视频音乐的方法非常简单。在音乐库中，切换至"导入音乐"选项栏，然后在选项栏中点击"提取音乐"，接着点击"去提取视频中的音乐"按钮，如图5-102所示。在打开素材界面中选择带有音乐的视频，然后点击"仅导入视频的声音"按钮，如图5-103所示。

完成上述操作后，视频中的背景音乐将被提取导入至音乐素材库，如图5-104所示。如果要将导入素材库中的音乐素材删除，长按该素材，点击弹出的"删除该音乐"按钮，如图5-105所示。

图5-102　提取音乐　　　图5-103　选择素材视频

除了可以在音乐素材库中进行视频音乐提取操作外，用户还可以选择在视频编辑界面中完成音乐提取操作。在未选中素材状态下，点击底部工具栏中的 🎵 "音频"按钮，然后在打开的音频选项栏中点击 📂 "提取音乐"按钮，如图 5-106 所示，即可进行视频音乐的提取操作。

图 5-104　使用音乐素材　　　　图 5-105　删除音乐素材　　　　图 5-106　点击"提取音乐"

录音：作品配音增加特色

通过剪映中的"录音"功能，用户可以实时地在剪辑项目中完成旁白的录制和编辑工作。在使用剪映录制旁白前，最好连接上设备耳麦，有条件的话可以配备专业的录制设备，能有效地提升声音质量。

在剪辑项目中开始录音前，先在轨道区域中将时间线定位至音频开始的时间点，然后在未选中素材状态下，点击底部工具栏中的 🎵 "音频"按钮，在打开的音频选项栏中点击 🎤 "录音"按钮，如图 5-107 所示。在打开的选项栏中，按住红色的录制按钮，如图 5-108 所示。

在按住录制按钮的同时，轨道区域将同时生成音频素材，如图 5-109所示，此时用户可以根据视频内容录入相应的旁白。完成录制后，释放录制按钮，即可停止录音。点击右下角的 ✓ 按钮，保存音频素材，之后便可以对音频素材进行音量调整、淡化、分割、变声等操作，如图 5-110所示。

图 5-107　点击"录音"

图 5-108　按住录音　　　　　图 5-109　录音中　　　　　图 5-110　编辑音频素材

在录制时，可能会由于口型不匹配或环境干扰造成音效的不自然，因此大家应尽量选择安静、没有回音的环境进行录制工作。在录音时，嘴巴需与麦克风保持一定的距离，可以尝试用打湿的纸巾将耳麦包裹住，防止喷麦。

变声：特殊嗓音任意切换

在观看很多B站"UP主"的原创视频作品时，会发现里面人物的声音都不是原声。不少视频创作者会选择对视频原声进行变声或变速处理，通过这样的处理方式，不仅可以加快视频的节奏，还能增强视频的趣味性，形成鲜明的个人特色。

除了专业的后期配音外，音频的变声处理手法还包括以下两种，一种是通过改变音频的播放速度来实现变声，另一种是通过变声功能将声音处理为儿童音、大叔音、机器人声音等假声效果。

1. 变速功能

实现音频变速的操作非常简单，在轨道区域中选择音频素材，然后点击底部工具栏中的"加速"按钮，在打开的加速选项栏中可以调节音频素材的播放速度，如图5-111所示。

图5-111　变速设置

在加速选项栏中通过左右拖动速度滑块，可以对音频素材进行减速或加速处理。速度滑块停留在1x数值处时，代表此时音频为正常播放速度。当用户向左拖动滑块时，音频素材将被减速，且素材持续时长会变长；当用户向右拖动滑块时，音频素材将被加速，且素材的持续时长将变短。

在进行音频变速操作时，如果想对旁白声音进行变调处理，可以点选左下角的"声音变调"选项，完成操作后，人物说话时的音色将会发生改变。

2. 变声功能

对视频原声进行变声处理，在一定程度上可以强化人物的情绪，对于一些趣味性或搞笑类视频来说，音频变声可以很好地放大这类视频的幽默感。看过游戏直播的朋友应该知道，很多平台主播为了增长直播人气，会使用变声软件在游戏里进行变声处理，搞怪的声音配上幽默的话语，时常能引得观众们捧腹大笑。

另外，借助"黑科技"改变声音，还可以巧妙地弥补一些音频的"先天"不足，保证音频的表达效果。

在使用"录音"功能完成旁白的录制后，在轨道区域中选择音频素材，点击底部工具栏中的 "变声"按钮，如图5-112所示。在打开的变声选项栏中，可以根据实际需求选择声音效果，如图5-113所示。

图5-112　点击"变声"　　　　图5-113　选择声音效果

音量：淡入淡出按需调整

在进行视频编辑工作时，可能会出现音频声音过大或过小的情况，为了满足不同的制作需求，在剪辑项目中添加音频素材后，可以对音频素材的音量进行自由调整，以满足视频的制作需求。

调节素材音量的方法非常简单，在轨道区域中选择音频素材，然后点击底部工具栏中的"音量"按钮，在打开的音量选项栏中，左右拖动滑块即可改变素材的音量，如图5-114所示。

图5-114　调节音量

> **提示：** 剪映素材音量的调整范围为0~1000。一般添加至剪辑项目的音频素材初始音量为500，即代表正常音量。调节时，数值越小，声音越小；数值越大，声音越大。

音效：趣味音效分类选取

在轨道区域中，时间线定位至需要添加音效的时间点，在未选中素材状态下，点击"添加音频"选项，或者点击底部工具栏中的"音频"按钮，然后在打开的音频选项栏中点击"音效"按钮，如图5-115所示。

上述操作完成后，即可打开音效选项栏，可以看到其中提供的综艺、笑声、机械、BGM、人声等不同类别的音效。添加音效素材

图5-115　音效设置

的方法与之前所讲的添加音乐的方法一致，点击下按钮下载音效后，点击音效素材右侧的 使用 按钮，即可将音效添加至剪辑项目，如图5-116所示。

在素材进度条下方的音频栏位置，出现图5-117所示的音效进度条，即音效添加成功。

图5-116　音效操作　　　　　图5-117　音效添加成功

5.5　字幕文字：丰富信息的定位传递

在影视作品中，字幕就是将语音内容以文字的方式显示在画面中。对于观众来说，观看视频的行为是一个被动接受信息的过程，多数时候观众很难集中注意力，此时就需要用到字幕来帮助观众更好地理

解和接受视频内容。本节以剪映App为例，为大家介绍和演示视频字幕内容的输入与编辑。

基本字幕：大小位置随意调整

在剪映中，用户可以自行输入字幕文本，并自定义文本的大小、位置等相关内容设置。下面简单说明如何在剪映中新建字幕文本，并调整字幕的大小与位置。

❶ 打开剪映，在创建剪辑项目后，在未选中素材状态下，点击底部工具栏中的"文字"按钮 **T**，在打开的文字选项栏中，点击"新建文字"按钮 **A+**，如图5-118所示。

❷ 此时将弹出输入键盘，用户可以根据实际需求输入文字，文字内容将同步显示在预览区域，如图5-119所示，完成后点击 ✓ 按钮，即可在轨道区域中生成文字素材。

图5-118　新建文本

❸ 点击画面预览区域中的文字内容栏，调整字幕文本的位置，双指滑动文字内容栏，调整字幕的大小，如图5-120所示。字幕大小位置调整完成即可进行后续编辑操作。

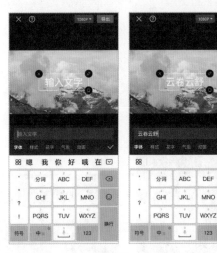

图5-119　添加字幕文本

图5-120　调整字幕

字幕花样：样式效果自由更改

在创建了基本字幕后，还可以对文字的字体、样式、花字、气泡、动画等样式效果进行设置。

打开字幕花样编辑栏的方法有两种。第一种方法，在创建字幕时，文本输入完成后，点击键盘的 ☑ 下拉按钮，即可切换至字幕花样编辑栏，如图5-121所示。

图5-121　下拉键盘

第二种方法，若用户在剪辑项目中已经创建了字幕素材，需要对文字的样式进行设置，则可以在轨道区域中选择字幕素材，然后点击底部工具栏中的"样式"按钮 Aa，即可快速打开字幕样式栏，如图5-122所示。

在字幕样式栏中，用户可以对文字进行优化调整，使文字在画面中更加协调和美观。下面就为大家演示创建字幕，并为文字添加样式效果的操作方法。

❶ 进入剪映，打开准备编辑的视频项目文件。

❷ 进入视频编辑界面后，可以根据查看需要，在轨道区域处双指相背滑动，将素材画面更加细分，然后将时间线定位至想要添加字幕的位置，在未选中素材的状态下，点击底部工具栏中的"文字"按钮，如图5-123所示。

❸ 进入文字选项栏后，点击"新建文字"按钮 A+，如图5-124所示。

❹ 弹出输入键盘，输入文字"早上好~"后，点击 ✓ 按钮。接着，在预览区域中，将文字素材调整到合适的大小及位置，然后按住素材尾部的 □ 按钮并向右拖动将素材时长延长，使其尾部与上方素材的尾部对齐，如图5-125所示。

❺ 在文字素材选中状态下，点击底部工具栏中的"样式"按钮 Aa，如图5-126所示。

❻ 打开字幕样式栏，在字体列表中点击"萌趣体"，如图5-127所示。

❼ 在样式列表中，选择一个黑字白边的样式，如图5-128所示。

❽ 点击样式列表中的"阴影"，在阴影设置栏中，将阴影颜色设置为胭脂粉，并调整阴影的透明度、模糊度、距离和角度，如图5-129所示。

图5-122　样式设置

图5-123　点击"文字"

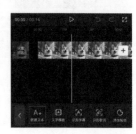

图5-124　点击"新建文字"

图5-125　延长字幕素材

图5-126　点击"样式"

图5-127　点击"萌趣体"

图5-128　选择样式

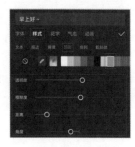

图5-129　设置阴影

⑨ 点击工具栏中的"气泡"按钮，选择带有小花的绿色气泡，如图5-130所示。

⑩ 点击工具栏中的"动画"按钮，在"入场动画"选项中点击"左上弹入"效果，并设置动画速度为0.1s，如图5-131所示，完成操作后点击✔按钮。

⑪ 至此，就完成了字幕的添加及样式的设置，最终的字幕效果如图5-132所示。

图5-130　设置气泡

图5-131　设置动画

图5-132　最终字幕效果

识别字幕：识别音频生成字幕

剪映内置"识别字幕"功能，可以对视频中的语音进行智能识别，然后自动转化为字幕。通过该功能，可以快速且轻松地完成字幕的添加工作，以达到节省工作时间的目的。

❶ 打开剪映，进入视频编辑界面后，将时间线定位至视频起始位置，在未选中素材状态下，点击底部工具栏中的"文字"按钮🅣，如图5-133所示。

❷ 打开文字选项栏，点击其中的"识别字幕"按钮🅐，如图5-134所示。

❸ 弹出提示框，点击其中的"开始识别"按钮，如图5-135所示，等待片刻，待识别完成后，将在轨道区域中自动生成4段文字素材，如图5-136所示。用户可以点击对应字幕素材条，自由设置字幕的样式效果。

图5-133　点击"文字"

图5-134　点击"识别字幕"

图5-135　点击"开始识别"

图5-136　自动生成字幕

5.6 画面修饰：细化创作让画面更优

合适的画面修饰可以营造视频氛围，让视频色调更美观，增加视频的交互性。在视频的剪辑创作中，常常使用动画贴纸、视频特效、画中画等内容来细化视频画面。下面讲解在必剪 App 中如何选择与使用这些优化画面的"神器"。

贴纸：添加贴纸更加有趣

动画贴纸功能是如今许多视频编辑类软件中都具备的一项特殊功能，通过在视频画面上添加动画贴纸，不仅可以起到较好的遮挡作用（类似于马赛克），还能让视频画面看上去更加酷炫。

在必剪的剪辑项目中添加了视频或图像素材后，在未选中素材的状态下，点击底部工具栏中的"贴纸"按钮 📷，在打开的贴纸选项栏中可以看到几十种不同类别的动画贴纸，并且贴纸的内容还在不断更新中，如图 5-137 所示。

图 5-137 必剪贴纸

在必剪中的众多贴纸类别中，有许多具有 B 站内容特色的贴纸内容，例如"一键三连""小电视"等，如图 5-138 所示。

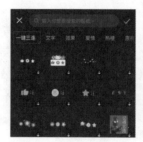

图 5-138 "一键三连"和"小电视"

另外，必剪还根据 B 站的部分热门内容，设置了具有专属内容特色的创意贴纸，满足 B 站不同内容领域"UP 主"的贴纸选用需求，例如 B 站独家出品的动画百妖谱、B 站游戏内容领域中大受欢迎的王者荣耀、LOL、和平精英等，都有专门的贴纸类别栏，如图 5-139 所示。

图 5-139 创意贴纸

下面以"vlog"类贴纸为例，介绍贴纸的具体应用。

❶ 在必剪的视频剪辑项目中，将时间线定位到 2 秒位置，在未选中素材的状态下，点击底部工具栏中的"贴纸"按钮 📷，然后在打开的选项栏中左右滑动，点击"vlog"按钮，如图 5-140 所示。

❷ 在打开的贴纸选项栏中，选择贴纸应用到素材中，可以在页面上方的画面预览中查看贴纸的使

用效果，如图5-141所示。完成操作后，点击✓按钮。

❸ 点击画面预览中的贴纸框，调整贴纸在画面中的位置和大小，拖动素材进度条中的贴纸素材进度条，调整贴纸素材在画面中的显示时长，如图5-142所示。至此，贴纸的使用设置便完成了。

图5-140 "vlog"贴纸

图5-141 应用贴纸

图5-142 调整贴纸

画中画：酷炫效果必备操作

"画中画"，顾名思义就是使画面中再次出现一个画面，通过"画中画"功能不仅能使两个画面同步播放，还能通过该功能实现简单的画面合成操作。通过该功能可以让不同的素材出现在同一个画面，能帮助大家制作出很多创意视频，例如让一个人分饰两角，或是营造"隔空"对唱、聊天、遥控的场景效果。

下面简单演示在视频剪辑中使用画中画的流程。

❶ 打开必剪，进入视频编辑界面后，在未选中素材的情况下，点击底部工具栏中的"画中画"按钮，如图5-143所示。

❷ 进入素材添加界面，选择"遥控器"视频素材，将其添加至剪辑项目，如图5-144所示。

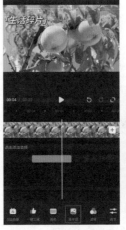

图5-143 点击"画中画"

图5-144 选择素材

❸ 在轨道区域中，选中"遥控器"图像素材，向左拖动使其头部与前面的素材尾部重合，并且在画面预览页面中，调整"遥控器"素材的位置和大小，如图5-145所示。

❹ 在轨道区域中，选中"遥控器"图像素材，并将画面时间线调整至需要编辑的位置，在底部工具栏中点击"动画"按钮，如图5-146所示。

⑤ 进入动画设置页面，选择"入场动画"中的"轻微抖动"，并将动画时长设置为2.8s，设置完成后点击✅按钮，如图5-147所示。

 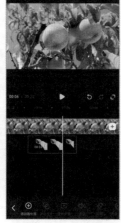  

图5-145　调整素材　　　　　　　图5-146　点击"动画"　　　　图5-147　设置动画

⑥ 至此，画中画的添加与基础设置就完成了，画中画的最终显示效果如图5-148所示。

图5-148　画中画最终效果

视频特效：吸睛元素不可或缺

必剪为广大视频爱好者提供了丰富且酷炫的视频特效，能够帮助用户轻松实现开幕、闭幕、模糊、纹理、炫光、分屏、下雨、浓雾等视觉效果。只要用户具备足够的创意和创作热情，灵活运用这些视频特效，可以分分钟打造出吸引人眼球的"爆款"视频。

下面以边框特效为例，简单演示在视频剪辑中使用特效的流程。

① 打开必剪，进入视频编辑界面后，将时间指示线移动至想要添加特效的位置，在未选中素材的情况下，点击底部工具栏中的"特效"按钮📱，如图5-149所示，进入特效添加界面，如图5-150所示。

图5-149　点击"特效"　　　　图5-150　添加特效

② 在特效添加界面左右滑动，找到并点击"边框"按钮。

③ 选用"晴天"特效，用户可在页面上方的画面预览栏中查看特效的显示效果，设置完成后点击 ✔ 按钮，如图 5-151 所示。

④ 在轨道区域中，选中"晴天"特效素材，分别拖动素材的首部和尾部，调整特效素材的长度和显示位置，如图 5-152 所示。

⑤ 至此，画中画的添加与基础设置就完成了，画中画的最终显示效果如图 5-153 所示。

图 5-151　选用"晴天"特效　　　　　图 5-152　调整特效素材　　　　图 5-153　特效显示效果

5.7　项目操作：存储输出两不误

完成所有的操作后，大家可以将剪辑项目进行导出。导出的视频通常会存储在用户的手机相册中，可以随时在相册中打开视频进行预览，或者分享给亲朋好友们共同观赏。本节以必剪为例，为大家介绍视频项目的导出与发布。

① 视频剪辑完成后，点击视频编辑界面右上角的画质按钮，设置视频的清晰度、码率和帧率，如图 5-154 所示。

② 视频画质设置完成后，点击"导出"按钮，剪辑项目开始自动导出，如图 5-155 所示。

图 5-154　设置画质　　　　　　　图 5-155　点击"导出"按钮

❸ 导出完成后，需填写视频投稿的具体信息。点击"修改封面"，进入封面的制作页面，如图5-156所示。

❹ 点击"更换底图"，选择视频截图或手机相册中的一张图片作为视频封面，选择后点击"下一步"按钮，如图5-157所示。

图5-156　封面修改与制作　　　　　　　　　　　　　图5-157　选择视频封面

❺ 缩放所选画面，并进行裁剪，设置完成后点击"确认底图"，完成封面底图的更换，如图5-158所示。

❻ 更换底图后，下一步是设置封面文字，用户可以直接使用页面下方的封面模板。点击"VLOG"下属的模板，页面上方的画面预览栏中会显示模板的应用效果，如图5-159所示。

❼ 点击画面预览栏中的对应文字，会出现文字的修改编辑栏，根据视频内容调整对应文字，并修改对应的字幕，如图5-160所示。

图5-158　确认底图　　　　　　图5-159　应用模板　　　　　　图5-160　编辑文字

⑧ 除了修改文字与字幕外，还可以设置文字的字体、样式和花字，设置完成后点击✔按钮。

⑨ 封面全部设置完成后，点击右上角的"完成"按钮即可，如图5-161所示。

⑩ 填写视频标题，标题字数限制为80，如图5-162所示。

⑪ 点击分区后拉按钮，选择视频分区，添加视频标签和话题，如图5-163所示。

图5-161　完成封面制作

图5-162　填写视频标题

图5-163　添加分区与话题

⑫ 如实选择视频类型，根据实际情况选择是否开启"转载限制"，信息填写完成后如图5-164所示。

⑬ 另外，点击"查看更多"用户还可选择性填写视频简介和投稿动态，根据发布需要使用"定时发布"，如图5-165所示。

图5-164　信息填写完成

图5-165　查看更多

⑭ 所有信息填写完毕后，在输出完成页面中，勾选相关公约，点击"发布B站 每日瓜分奖金"按钮，将视频上传至B站，如图5-166所示。

⑮ 上传完成后，可以在"作品"栏查看投稿视频，并与亲朋好友分享，如图5-167所示。

拓展延伸： 在视频的编辑过程中，用户可以点击编辑页面左上角的🖫按钮将视频保存至草稿箱，方便下次使用；在稿件信息编辑页面，用户同样可以点击页面左下角的🖫按钮将视频保存至草稿箱，如图5-168所示。

图5-166　点击"发布B站
　　　　每日瓜分奖金"

图5-167　查看投稿视频

图5-168　保存至草稿箱

第6章

开通直播：收获更多
粉丝的关注

　　直播作为当下互联网的一个风口，引得许多内容创
作平台都开放了直播的功能，B站也不例外。B站直播以
"看见年轻人的生活方式"为宣传语，以此吸引了不少年
轻人的加入。本章将详细介绍如何进行B站直播，并提
供实用的直播技巧。

6.1 开通B站直播

要想在B站进行直播，需要先进行主播的实名认证，然后才能开通自己的专属直播间。无论是利用PC客户端还是移动客户端，只需下载相关的直播工具都可以进行直播。本节主要讲解主播的实名认证和在B站进行直播的操作和方法，并简单讲解直播工具安装和使用的方法。

开通条件：完成实名认证

为了维护网络信息安全，依照《关于加强网络直播服务管理工作的通知》的规定，网络主播必须进行实名认证后才可在各平台开展直播活动。B站也不例外，要成为一名B站的主播需要先从实名认证开始。下面主要讲解完成主播实名认证的具体步骤。

❶ 进入B站主站并完成登录，在首页的左上角单击"直播"按钮，进入哔哩哔哩直播页面，如图6-1所示。

图6-1　进入哔哩哔哩直播页面

❷ 将鼠标指针移动至直播页面右上角的头像处，在下方出现的浮窗中单击"直播中心"按钮，进入直播中心的页面，如图6-2所示。

图6-2　单击"直播中心"按钮

❸ 单击页面左侧导航栏中的"我的直播间"按钮，在下方的菜单选项中单击"开播设置"按钮。未开通过B站直播间的用户能在页面中看到"立即开通直播间"的按钮，单击该按钮进入直播间的开通流程，如图6-3所示。

❹ 出现图6-4所示的开播流程对话框，开播流程的第一步就是完成基础实名认证，未经过实名认证的用户，需点击"确认"按钮，前往实名认证。

图6-3　开通B站直播间

图6-4　点击"确认"按钮

⑤ 进入实名认证的页面，仔细阅读实名认证相关的注意事项和要求，如图6-5所示。

⑥ 填写个人信息并上传相关证件，获取手机验证码后填入对应框内，如图6-6所示，单击"提交认证"按钮完成实名认证。

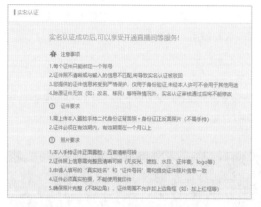

图6-5 实名认证注意事项和要求

图6-6 完成实名认证

> **提示：** 用户在PC端成功提交实名认证之后，还需要等待B站平台在24小时内审核通过。用户在B站手机App中也可以完成实名认证，如果手机中绑定了支付宝，可以使用支付宝快捷认证，3分钟内可以快速认证通过，无须等待审核。

个人直播：多项功能玩法

完成实名认证后，主播可以从直播中心进入到自己的直播间。在个人直播间内，除了可以查看直播间的基础信息，B站还开设了一些特色玩法，主播可以根据个人情况利用直播间的玩法设置为自己的直播锦上添花。下面介绍个人直播间内的各项功能玩法。

1. 直播间信息

从B站直播中进入"我的直播间"后，单击"直播间信息"按钮，可以查看自己直播间的主播信息和粉丝勋章，其中主播信息主要包括直播间ID、主播等级、当月直播时长和主播SAN值（原指游戏中的理智数值，在B站用于表示主播行为的规范程度，SAN值越低代表主播违规行为越多），如图6-7所示。

图6-7 直播间信息

（1）主播信息。

每位主播的初始等级都为UP1级，且积分为0。主播等级是指，当主播收到观众在直播间送出的礼物时，主播会获得对应的积分，当积分累积到一定数量时，主播等级会提升。主播达到不同的等级会获得对应的不同特殊权限，或是能享受更高的主播权益，主播等级越高，获得的权益也就越多。

图6-8所示为部分主播等级的升级积分和总积分。

当月直播时长即该主播在当月所进行的所有直播的累计总时长。当月直播时长累计越长，说明主播当月的活跃度越高，也就越容易得到B站直播页的推荐。

主播SAN值是用于规范主播直播内容，营造良好直播氛围的主播积分制度，该积分制度适用于所有B站主播。

主播SAN值总分为12分，当主播出现违规行为时，B站官方会根据处罚条款对主播直播间进行相应的扣分处理。当SAN值小于或等于6分，将失去首页推荐资格，在7个自然日周期内累积扣至0分会被平台自动封禁7个自然日，封禁时间结束后直播间会自动解封。当直播间出现严重违规，将直接扣满12分，系统会自动永久封禁该直播间。

图6-9所示为B站部分直播间处罚条款。

等级	升级积分	总积分	开播特权
UP 1	0	0	开通自定义封面1张
UP 2	50	50	
UP 3	150	200	
UP 4	270	470	
UP 5	450	920	
UP 6	1180	2100	
UP 7	1960	4060	
UP 8	3100	7160	
UP 9	4600	11760	
UP 10	6400	18060	
UP 11	9100	27160	
UP 12	12450	39610	
UP 13	16800	56410	
UP 14	22400	78810	
UP 15	31000	109810	

图6-8　主播等级

处罚条款		
类别	描述	处罚
分区错误	直播内容不符合分区要求	扣3分，锁区15天
人气异常	直播间涉嫌刷人气	扣3分
三俗内容	内容中含有低俗信息（有装暴露、语言、动作、性用品等涉及不雅内容的物品）；直播血腥、暴力、恶心不适宜观众健康的内容（残害动物、虐待和解剖动物等也含在内）；禁止对主播和用户语言或文字上谩骂发泄。	扣3分
版权内容	盗唱、演唱无版权内容	扣3分
引战行为	对个人或群体进行嘲讽、侮辱或者诽谤他人，以及挑唆他人矛盾，骚扰、侵害他人合法权益	扣3分
抽烟喝酒	直播间抽烟、喝酒，出现不推内容	扣3分
提醒禁播	管理员提醒禁播的内容	扣3分
道具异常	直播间涉嫌刷活动道具/刷瓜子道具	扣3分，扣收道具积分并加入推荐位黑名单3天
道德风尚	直播过程中言行过激，传播负面情绪，出现有违人道主义和道德底线的表演	扣6分
暴力、血腥	直播血腥、暴力、恶心、摧残表演者身心健康引起观众不悦的内容行为，包括但不限于：即展动物、用不人道的方式虐待动物、解剖等	扣6分

图6-9　部分处罚条款

主播SAN值总分未满12分的主播，在7个自然日内无违规扣分处罚时，将自然恢复3分，以此类推，直至加满12分。

████ 提示：有关主播SAN值与处罚条款的相关信息，主播可以在直播间信息的主播SAN值处点击"点击了解更多"查看详情，如图6-10所示。

图6-10　了解详情

（2）粉丝勋章。

粉丝勋章是主播提供给粉丝的一种专属标识，是主播与粉丝之间亲密度的表现。粉丝佩戴勋章后，会在UP视频评论区、直播聊天室、直播排行榜中展示。主播要想开通粉丝勋章的功能，需要满足下列任一要求。

◆ 主播开通直播间并且直播粉丝数达到1000。

◆ B站粉丝数达到1000且在创作中心有投稿视频。

◆ 任意粉丝在主播的直播间内开通了大航海（关于大航海的作用和功能会在随后介绍）。

主播可以设置粉丝勋章的具体内容，进入个人直播间后，在"直播间信息"页面找到粉丝勋章的功能，在对应的输入框内输入3～6个字符的非纯数字内容，单击"提交"按钮，提交勋章内容即可，如图6-11所示。

图6-11　设置粉丝勋章

2. 直播"看板娘"

如图6-12所示，B站直播间页面的看板上会有一个"看板娘"，观众可以通过鼠标与其互动，当观众对主播赠送礼物时，"看板娘"会对观众进行答谢。

主播进入"我的直播间"后，单击"直播看板娘"按钮进入页面选择喜欢的"看板娘"形象，还可以完成页面下方的直播任务来获取"看板娘"的服装和配饰，让"看板娘"显得与众不同，如图6-13所示。

图6-12　B站直播间的"看板娘"

图6-13　更换"看板娘"的形象

3. 主播"舰队"

主播"舰队"是指主播在直播间开始直播时，可以拥有自己的"舰队"，粉丝自愿购买"船票"上船，登船后的粉丝会在直播右侧的"大航海"页面显示，如图6-14所示。另外，粉丝购买"船票"后，主播能够得到"金仓鼠"，不同的船员票价为主播获取的"金仓鼠"有所差异。"金仓鼠"能够以"1000金仓鼠=1元"的比例为主播增加收益。

图6-14　主播的"舰队"

4. 开启轮播

一些在B站投稿的主播可以申请开通轮播功能，轮播功能开启后，主播可以将自己的投稿视频添加到直播间内，直播间就会轮流播放主播的投稿视频。

开播必备：设备与直播工具

在B站的直播主要是利用手机和电脑进行的，手机上可以借助B站App直接开启直播也可以使用直播工具进行直播，而在电脑上必须下载直播工具才能进行直播。为此，B站专门推出了自己的直播工具"哔哩哔哩直播姬"，该款直播工具支持移动端和PC端的直播，主播可以在B站官网下载使用。下面简单介绍B站直播工具"哔哩哔哩直播姬"的配置要求，另外会详细讲解B站"哔哩哔哩直播姬"的下载安装方法。

1. 直播设备的配置要求

B站"哔哩哔哩直播姬"的移动端又分为Android端和iOS端，端口不同，"哔哩哔哩直播姬"的版本和功能更新会有所差别。为了保障直播的质量，"哔哩哔哩直播姬"对手机的操作系统制定了最低配置要求和推荐配置要求，Android系统的配置要求如图6-15所示，iOS系统推荐使用系统版本为12.1及以上，设备推荐使用iPhone 7及以上的手机或iPad(5代)及以上的平板电脑。

	最低配置		推荐配置
操作系统	Android 原生 4.3 以上（录屏功能需要 Android 原生 5.0 以上系统支持）	操作系统	操作系统：Android 原生 10 以上（即将支持的应用声音录制功能需要 Android 10 以上系统支持）
处理器及机型	**高通骁龙 660** OPPO R11s、vivo X21、小米 8 青春版、红米 Note 7、三星 Galaxy C10	处理器及机型	**高通骁龙 855** OPPO Reno 10 倍变焦版、realme X2 Pro、iQOO Neo 855、小米 9 Pro、红米 K20 Pro、黑鲨手机 2、三星 Galaxy S10+
	高通骁龙 820 OPPO Find 9、vivo Xplay5 旗舰版、小米 5、三星 Galaxy S7（高通版）		**高通骁龙 865** OPPO Find X2、realme X50 Pro 5G、iQOO 3、小米 10 Pro、红米 K30 Pro、黑鲨手机 3、三星 Galaxy S20 Ultra
	海思麒麟 710 华为 Nova3i、荣耀 8X		**海思麒麟 990** 华为 Mate 30、荣耀 V30 PRO
	海思麒麟 955 华为 P9、荣耀 V8（64G）		
	联发科 Helio P60 OPPO R15、vivo Y97、小米 6X		

图6-15　Android系统的配置要求

"哔哩哔哩直播姬"的PC端对电脑的配置有3种不同的类型，分别是适用于摄像头聊天互动直播的入门配置、能玩各种游戏的游戏直播配置和官方推荐的直播配置，如图6-16所示。对于一些有特殊需求的主播可能还需要配备声卡、麦克风或其他外接设备。

入门基本配置 （适用于摄像头聊天互动）	**游戏直播配置** （适用于直播玩各种游戏）	**官方推荐配置** （适用于各种类型的直播）
CPU:英特尔酷睿i3 8100 主板: B360 显卡: 独立显卡 内存: 8GB及以上	CPU:英特尔酷睿i5 8400 　　AMD 锐龙Ryzen5 2500x 主板: Z370（英特尔） 　　B450 (AMD) 显卡: GTX1660 Super 　　RX580及以上 内存: 16GB及以上	CPU:英特尔酷睿i7 8700 　　AMD 锐龙Ryzen5 3600x 主板: Z370（英特尔） 　　B450 (AMD) 显卡: RTX2080Ti 　　RX Vega 64 内存: 240GB及以上

图6-16　B站直播对电脑的配置要求

2. "哔哩哔哩直播姬"的下载与安装

下面先以PC端为例，简单介绍B站"哔哩哔哩直播姬"的下载和安装方法。

❶ 打开浏览器，进入B站首页，单击右上角的"创作中心"按钮，进入账号的创作中心，如图6-17所示。

图6-17　进入B站创作中心

❷ 将鼠标指针放置在在创作中心右上角的"下载"按钮山处，在下拉菜单中单击"直播姬"按钮，如图6-18所示，进入PC端"哔哩哔哩直播姬"的下载页面。

图6-18　进入PC端直播姬下载页面

❸ 在下载页面中单击"立即下载"按钮，可以下载PC端"哔哩哔哩直播姬"的安装文件，如图6-19所示。

图6-19　下载"哔哩哔哩直播姬"安装文件

❹ 下载完成后，打开对应文件夹，找到下载好的"哔哩哔哩直播姬"安装文件，用鼠标双击该文件，开始安装，如图6-20和图6-21所示。

图6-20　打开文件夹

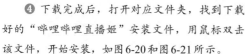

图6-21　双击安装文件

❺ 在弹出的安装向导窗口中，单击"文件夹"按钮🗀，选择一个安装目录，单击勾选"我已阅读了许可及服务协议"，并单击"立即安装"按钮完成安装，如图6-22所示。

如果主播是用手机直接开启直播，可以在手机中安装"哔哩哔哩直播姬"App。打开手机应用商城，在输入栏中输入"哔哩哔哩直播姬"，点击搜索，找到"哔哩哔哩直播姬"的App，点击一旁的"安装"按钮下载安装即可，如图6-23所示。

图6-22　安装"哔哩哔哩直播姬"

提示： 目前Web端的B站已支持使用Web端直播工具进行在线直播。主播进入直播版块后，点击页面右上角的"我要开播"，在弹窗中选择"Web在线直播"即可在Web端开播，如图6-24所示。

图6-23　手机安装"哔哩哔哩直播姬"

图6-24　Web在线直播

开启直播：直播形式随心选

B站直播可以添加摄像头、窗口和音频三种直播素材（图6-25），并且支持主播进行视频直播、游戏直播、语音直播和虚拟形象直播。

图6-25　添加直播素材

1. 视频直播

视频直播是目前应用非常广泛的直播类型，能够通过镜头将主播的所见所闻真实地呈现给观众，同时也能很好地展示主播的魅力与风采。图6-26所示为开启B站视频直播的页面。

2. 游戏直播

游戏直播实际上就是录屏直播，它支持主播将手机或电脑的画面以录制直播的方式同步呈现给观众，因其在B站平台常出现在游戏内容直播中，而被平台取名为游戏直播。除了游戏直播外，录屏直播还在绘画教学、软件使用等重演示模拟内容的直播中广泛应用。

图6-26　开启视频直播

图6-27　开启游戏直播

图6-27所示为开启B站游戏直播的画面。

图6-28所示是使用手机进行游戏录屏直播的画面，进入录屏后，"哔哩哔哩直播姬"会以悬浮的工具条形式显示在画面上，直播间收到的礼物及观众的发言会通过悬浮窗展示在游戏的顶层。主播可以通过工具条使用一些基础的直播功能，也可以利用工具条完成录屏画面和直播姬的快捷切换。

图6-28　游戏录屏直播的画面

3. 语音直播

语音直播就是利用网络进行的一种音频实况直播，一般没有精彩的画面，主要就是依靠声音进行内容的传递，常见的语音直播主要以聊天、唱歌、有声读物等作为直播的内容。

图6-29所示为B站直播中的电台专区，此专区中多以语音直播为主要的直播形式。

图6-29　B站直播中的电台专区

4. 虚拟形象直播

虚拟形象直播又被成为虚拟主播，是指主播可以DIY一个虚拟的人物形象来代替真人出镜直播。虚拟形象直播在B站平台备受欢迎，在直播版块开设了虚拟形象直播的专区，如图6-30所示。

虚拟形象直播常被应用于主要以音频、画面操作演示为主要内容的直播中。图6-31所示为开启B站虚拟形象直播的画面。

图6-30 虚拟形象直播专区

图6-31 开启虚拟形象
直播

5. 手机开播介绍

手机直播比电脑直播更加方便快捷，是目前很受年轻人青睐的一种直播方式。下面以手机直播为例，讲解利用"哔哩哔哩直播姬"进行直播的具体操作。

❶ 打开B站App完成用户登录，点击首页上方的"直播"按钮，进入直播页面，如图6-32所示。

❷ 在直播页面的右下角点击"直播"按钮▶，开启直播，如图6-33所示。B站App会自动跳转进入直播页面，如图6-34所示。

图6-32 进入B站直播页面

图6-33 开启直播

图6-34 直播页面

❸ 在页面上方点击"视频""游戏""语音"或"虚拟",选择不同的直播方式,本次操作示范以视频直播为例,如图6-35所示。

❹ 在页面上方的标题栏内输入直播的内容标题,点击标题左侧的"封面"按钮,上传直播的封面图片,如图6-36所示。

图6-35 选择直播方式　　　　　　图6-36 输入标题并上传封面

❺ B站会默认进行视频聊天直播,用户可以点击页面上方的"视频聊天"按钮,从不同分类中点击选择一个直播的类型,届时直播开启后会显示在对应的视频分区,如图6-37所示。

❻ 点击页面上方的"选择话题"按钮,从不同话题中选择合适的直播话题,点击对应话题栏右侧的"参与"即可,如图6-38所示。

图6-37 点击选择分区　　　　　　　　图6-38 点击参与话题

❼ 点击页面下方的"更多"按钮,用户可以选择是否竖屏直播,为直播选择理想的清晰度,还可以设置直播间的管理信息以及直播公告,如图6-39所示。

❽ 将标题、封面、分区、话题等基础信息设置完毕后,点击页面下方的"开始视频直播"按钮,开始进行直播,如图6-40所示。

图6-39 点击"更多"　　　　　　　图6-40 开始视频直播

6.2　直播基本设置

为了能够将优质的直播内容呈现给观众，主播除了需要掌握基本的开播操作，还需对B站直播的设置功能有一定的了解。本节以B站直播工具"哔哩哔哩直播姬"的移动端为例，介绍B站直播的其他基本设置与实用功能。

美颜设置：美颜算法提升颜值

除利用虚拟主播实现的B站直播外，主播的形象和外表能让直播更具吸引力，很多主播会通过穿着打扮对自己进行修饰，也有一些主播利用滤镜、修颜等软件提升自己的"颜值"来获得更多观众的喜爱。B站的直播工具自带一定的美颜功能，主播只需要点击页面下方的按钮 就能开启美颜功能，如图6-41所示，通过简单的设置，就能轻松提升自己的"颜值"。

图6-41　开启美颜功能

B站直播自带的美颜工具一共分为5种，分别是美颜、一键美妆、补妆、滤镜和贴纸，如图6-42所示。下面逐一介绍它们对应的功能。

图6-42　5种美颜工具

1. 美颜

美颜功能就是利用软件自带的美颜算法，将摄像头捕捉到的人脸进行微调，制造出磨皮、美白等不同的效果。随着智能手机不断进行的技术革新，手机美颜的功能越发多样，使用范围也从原来的照片拍摄拓展到在线直播。在B站直播里，美颜的功能更加完善，除了对皮肤的磨皮、美白外，对主播的脸型、五官都可以进行数值化的调整，如图6-43所示。

图6-43　美颜功能

2. 一键美妆

顾名思义，一键美妆就是由系统提供不同的妆容模板（图6-44），主播点击选择后，手机算法会让对应的妆容自动生成。简单来说，主播仅仅通过一个按钮，就能为自己添加上风格各异的妆容，这一功能的优势主要体现在其操作的简便和模板的多样化，主播不用花太多时间就能让自己的"颜值"得到提升。

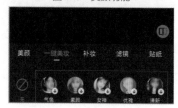

图6-44　一键美妆功能

3. 补妆

补妆就是补画脸上的妆容，B站直播自带的补妆功能可以让主播自行调节脸上的部分妆容效果，适用的补妆内容有口红、腮红、修容、眉毛和美瞳，如图6-45所示。比起一键美妆，补妆功能更具灵活性，主播的选择更加多样。图6-46所示是B站直播自带的补妆口红效果。

图6-45　补妆功能

图6-46　B站直播自带的补妆口红效果

4. 滤镜

滤镜是用来实现图像的各种特殊效果的，体现在直播中就是会让直播的画面呈现出不同的质感，滤镜可以起到优化画面效果，渲染直播氛围的作用。图6-47所示是一些不同效果的滤镜展示。

5. 贴纸

贴纸是可以添加在直播画面中的动态图画，使用贴纸能让直播内容更加丰富有趣，很多贴纸还自带"等舰长""求投喂"等文字效果，如图6-48所示。

图6-47　一些不同效果的滤镜展示

图6-48　贴纸

直播推广："PK大乱斗"获取流量包

"PK大乱斗"是B站平台经典的月度活动，赛季期间主播发起经典/视频"大乱斗"，与其他主播进行匹配PK，获胜后赢得段位积分，还可获得星光、现金、资源位、头像框等丰厚奖励。主播可以在直播版块中找到"PK大乱斗"的专栏，点击进入查看每一赛季的详细规则与奖励，如图6-49所示。

图6-49　"PK大乱斗"专栏

在"乱斗"期间，直播间的观众向主播投喂道具可以让主播的"乱斗值"提高，在"乱斗"结束时根据PK双方的"乱斗值"来分胜负并获得对应的"乱斗"积分，赛季活动结束时，得分最高的主播就能获得冠军。在"大乱斗"中多次获胜的主播和成功升级段位的主播都能够获得流量包奖励。主播可以在直播时使用流量包下单，为自己的直播增加曝光，如图6-50所示。

> **提示：** "大乱斗"采取积分制，PK的获胜方根据对手段位加分，失败方根据自己段位扣分，平局不加分也不扣分。

图6-50　直播推广

下面简单介绍要如何加入"大乱斗"活动。

❶ 登录B站直播工具"哔哩哔哩直播姬"选择直播类型（以视频直播为例），设置好直播的标题、封面和分类，然后点击"开始视频直播"按钮，如图6-51所示。

❷ 在直播页面的下方的工具栏中点击"PK"，如图6-52所示。

❸ 主播可以选择"发起PK"或"邀请连线"，此处以"发起PK"为例。主播可以在搜索栏中搜索想要PK的主播的昵称或房间号，也可以直接从平台推荐的主播选择PK对象。确定好PK对象后，点击对应主播的后面的"邀请PK"按钮，如图6-53所示。

图6-51　开启直播　　　　图6-52　点击"PK"

❹ 点击完成后，等待对方接受PK邀请，如图6-54所示。邀请成功后，进入图6-55所示的"大乱斗"画面，正式开始"大乱斗"。

图6-53　选择PK对象　　　图6-54　等待对方接受　　　图6-55　开始"大乱斗"

6.3　六大直播技巧

在直播过程中，主播要时刻把握观众的心态，明确观众的诉求。在各种类型的直播中，主播并不是单纯地分享自己的生活，而是要充分满足观众渴望陪伴、渴望分享的心理。因此，主播需要使用一些直播技巧让观众在直播过程中获得舒心的体验。本节将讲解一些在在B站直播时的技巧。

内容选择：迎合特色与需求

直播内容直接影响了观众观看的意愿，只有精彩有趣的直播内容才能引起观众的兴趣。下面主要从常见的直播内容类型介绍和内容选择的要领两个方面，讲解主播该如何选择自己直播的内容。

1. 直播内容

B站直播的内容十分多元，包含多个种类，游戏直播的内容最为丰富，分类也十分细致，有"网游""单机""手游"等。图6-56所示为B站直播的主要分区情况。

图6-56　B站直播分区

目前B站直播版面还展示有10个活跃度高的推荐分区，其中英雄联盟、王者荣耀、艾尔登法环、主机游戏属于游戏直播区，视频唱见、舞见、视频聊天、户外属于娱乐直播区，虚拟主播属于虚拟主播区，陪伴学习属于学习直播。图6-57所示为B站直播首页展示的推荐分区。

图6-57　B站直播推荐分区

在众多B站直播品类中，ACG类直播最受用户青睐，生活娱乐直播次之，学习区也有较大的潜力。下面将简要介绍B站直播各门类的内容与特色。

◆ 唱见直播

唱见也叫歌见，起初泛指擅长唱歌的人，现指专门投稿到视频网站的业余歌手。唱见直播间中，等级较高的观众可以点歌，欣赏唱见的歌声。图6-58所示为某位B站唱见的直播间页面，B站唱见是无须露脸的，所以部分唱见的直播间为主播事先设置好的画面。

◆ 舞见直播

舞见指在视频网站上投稿自己原创或翻跳的舞蹈作品的舞者。B站舞见一般于特定时间开始跳舞，吸引观众，其他时间在化妆、选衣服和与观众闲聊中度过。图6-59所示为某舞见主播正在直播舞蹈表演的画面。

图6-58　唱见直播

图6-59　舞见直播

◆ 观影直播

观影直播是一种强调陪伴感的直播形式，主播和观众一同观赏影片，并插入随机点评和感想。主播可以全屏播放影片,用声音代替真人出镜,也可以同时展示自己的观影状态或虚拟形象,让观众能捕捉到主播的神态变化,不感到单调。图6-60所示为某位不出镜的观影主播的观影直播页面。

◆ 聊天直播

聊天直播也是一种凸显陪伴感的直播形式,主播与进入直播间的观众谈天说地,分享自己的日常生活。观众可以提供希望主播分享的话题,主播会将正在谈论的话题显示在直播页面上。图6-61所示为某位聊天主播的直播页面。

图6-60 观影直播

图6-61 聊天直播

◆ 学习直播

学习直播指主播监督观众学习或陪伴观众学习的直播,进入直播间的观众一般是为了营造安静的学习氛围,提升自己的专注力。

有的主播会直播自己的学习过程,达到陪伴学习的效果,如图6-62所示。

有的学习直播的博主是通过创建一个带有白噪音的有氛围感的直播自习室,来满足观众的宁静学习环境的需求,如图6-63所示。

图6-62 陪伴学习

图6-63 氛围自习室

拓展延伸:白噪音又称白噪声,是一种功率波长谱密度为常数的随机信号或随机过程。一些经常受到环境噪音污染的人群会利用白噪音来帮助他们恢复工作效率,像一些大学生或办公室工作人员,会利用白噪音来降低那些施工噪音或周边人群的嬉闹声对他们集中注意力产生的不良影响。

◆ 游戏直播

游戏主播一般以精湛的游戏技术、较高的游戏等级或出奇制胜的游戏操作为卖点，吸引观众。B站的游戏、电竞类主播总量庞大，要求各个主播找到自己的特色。图6-64所示为某位游戏主播的直播页面。

◆ "带货"直播

在某一领域享有声誉的主播对商品的使用与青睐往往会引起粉丝与观众的效仿，对商品的销售有带动作用。一般"带货"直播的重点是展示商品，让观众了解商品的特点，B站的"带货"直播通常会通过展示相关产品或服务的内容，吸引观众购买。例如图6-65所示的某位绘画主播，她会向观众展示自己的绘画过程，并在直播间放上自己的原创绘画周边产品和相关的购买渠道，吸引观众与粉丝前往相关平台购买消费。

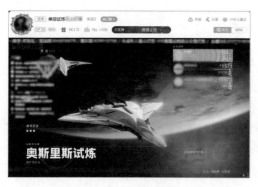

图6-64 游戏直播

图6-65 "带货"直播

◆ 知识类直播

在直播版块的设置上，除传统的游戏、生活、聊天和ACG内容之外，B站还进行了许多开拓性的尝试。2020年，知识区成立后，B站直播围绕"知识分享"这一主题展开运作，与知名度高的学者合作，开拓知识直播新门类，调整B站直播的生态环境。

2020年3月22日，梁文道老师在B站首度开播，以此为契机，徐英瑾、杨照等学术大家纷纷入驻B站直播间，就哲学、历史等领域和观众展开了讨论，此举展现了B站的学术氛围，迅速吸引了其他深度内容创作者的目光。2020年4月28日，B站组织策划并独家直播了大型文艺类线上演讲《无人之境》，主题较为新颖，为直播行业注入了新活力。

知识类直播可以选择在B站的学习直播分区中进行，人文社科、知识科普、职业技能与绘画都是适合B站主播选用的直播内容题材。

图6-66所示为B站某知识科普类直播的直播画面。

图6-66 知识科普类直播

图6-67所示为B站某人文社科类直播的直播画面。

直播并不只是一种消磨时间的娱乐方式，也可以是一种高效率的知识分享和交流渠道。B站秉持着这一理念，始终在探索直播行业的更多可能性。

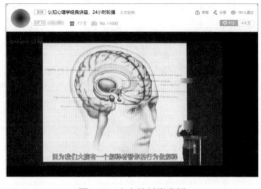

图6-67　人文社科类直播

2．选择你的直播特色

对于新人主播而言，做出自己直播的特色是很重要的，下面分享4个寻找直播特色的具体方法。

◆ 特长定位

要做好某个类型的直播，首先需要了解自身特长，为自己的直播间做好定位，确立特长与直播间定位后，围绕自身特长与技能进行直播间设置。这也是搭建直播间的第一步，只有在明确了自己的能力之后才能打造出充分凸显个人魅力的直播间。

◆ 判断直播模式

考虑到直播团队所具备的开发能力，部分主播在直播前会寻求团队或直播机构的帮助。团队技术严格，人才储备完善是直播团队的特点。个体直播与团队直播之间会产生平台宣传、直播周期、粉丝服务等方面的差异。

◆ 规划直播间功能

要明确自己直播间的特色，尽量细分功能，规划好点歌、跳舞等才艺展示如何与打赏、关注等行为相联系。主播要在一开始就确定直播间的大致框架，尽量减少后续的大幅改动。前期功能越细致合理，后续搭建直播间就越顺利，观众也更易对该直播间留下印象。

◆ 创建后进行测试

创建直播间后，主播需要进行测试，确认直播间的音质、延迟情况、音频稳定性、直播流畅性、直播清晰度，音频和视频是否实时同步等。除这些基础情况外，主播还要关注首次直播的观众的现场反应与事后反馈，适当调整直播风格。

互动技巧：自信礼貌很重要

直播间是主播和观众沟通互动最重要的桥梁，主播除了要调动现场气氛，还要尽可能地增强与观众的交流，提高每个人的参与感，这就要求主播必须掌握与观众沟通的技巧，增强与观众的交流。主播的感染力越强，就能留住越多的观众，更可能将其转化为粉丝。下面介绍一些与观众交流的互动技巧。

1．表情动作要丰富

许多主播在露脸直播时表情动作僵硬，无法使观众共情。主播应展现更多丰富的表情和动作，如剪刀手、比爱心等。唱歌或聊天时，主播也可适当增加一些灵动的手势和表情，增强仪态的感染力。这不仅能让观众感受到主播直播时的积极与热情，也让他们更容易对主播产生亲近感，从而关注与打赏。

2．礼貌道谢不嫌多

许多主播会向进入直播间或送上留言的观众表示感谢，使观众感觉自己受到了尊重。同理，当有观众送礼物时，无论数量与价格的多少，主播都应向送礼物的人表示感谢，也可配上适当的赞美，让粉丝感受到主播的诚意与热情，并有意愿继续互动。

3. 勇于表达自己

在直播过程中，主播可以多谈谈自己，表达心声，引起观众的共鸣。主播可分享今天的所思所感，也可推荐自己喜爱的歌曲和电影，并且要留意公屏上的用户发言，结合自身体会，及时回复。图6-68所示为某直播间滚动的用户发言。

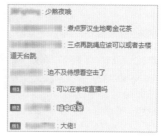

图6-68　公屏用户发言

4. 关注每一位观众

B站是一个社区文化强烈的平台，要求主播用心应对每一位观众，关心每位观众的言论，留意他们的动态。同时，主播不可在新老粉丝间有所偏颇。主播平时可多与老粉丝分享喜怒哀乐，增强情感联系。而在直播过程中，应对新粉丝和游客的反馈及时给予应对，使他们感受到主播的重视，从而成为你的固定粉丝。

5. 锤炼语言风格

直播在不停地推陈出新，B站作为年轻人众多的平台更是不断推出崭新的直播内容与直播方式。主播在创新思想、敢于尝试新鲜事物的同时，应坚持自己的独特风格。主播的互动语言应与自己的风格相符，凸显鲜明的个人形象，方能赢得大部分粉丝的好感，不让他们觉得突兀。

封面设计：贴合主题有特色

观众浏览各式各样的直播间时，首先看到的就是直播间封面。主播要想吸引新观众，使其点进直播间，首要技巧就是在封面设计上突出直播特色。

1. 清晰

B站直播封面图支持JPG、PNG格式，建议尺寸为1280×720像素，比例为16:9，大小不超过2MB。封面图必须画质清晰，照片无拉伸或遮挡。色调尽量柔和，不过暗或过亮，背景简洁美观，不干扰主体内容。

2. 高品质

主播可根据直播间特色，选择主播照片或具有代表性的内容。例如真人出镜的直播间可使用本人真实照片，露出完整清晰的五官，表情得体自然，充分展示个人特点及优势，如颜值、身材等。其他直播间也应保证照片质量，避免图片变形、主体被遮挡、主体较小或识别度较低。图6-69所示为充分展示主播才艺、且主体清晰的封面。

图6-69　高品质直播封面

3. 有特色

封面图片需突出直播间特点及直播主题，吸引用户点击。笔者推荐大家使用"图片＋文字"的样式，突出展示直播间"人设"特点。主播也可以使用虚拟形象人设图，将虚拟形象和直播内容结合，关联直播主题。图6-70所示为突出展示"人设"风格的直播间封面。

图6-70　有特色的直播封面

4. 封面禁忌

B站直播的封面图片也存在禁忌，主播在选择封面图片时需牢记以下规则。

◆ 禁止出现纯文字或过多文字。

◆ 禁止使用出现品牌Logo（商标）、广告的图片。

◆ 禁止使用含涉政、违法、色情、低俗、暴力等不合规内容的图片。

◆ 禁止盗用他人照片或网络直播截图。

标题特色：加深观众的印象

图6-71　凸显主播的标题

在B站直播的主播要塑造个人独特的直播风格，标题便是展现个人风格的又一阵地。清晰、生动、富有吸引力的标题能让观众心生好感，体现主播个性的标题也能给观众留下更深的印象。

1. 凸显主播本人

部分主播会将主播ID变成直播间标题的一部分，使观众记住他们的名字，也可将同一内容的系列直播配上统一的标题，增加亲近感。图6-71所示为凸显主播本人的标题示例，该主播使用自己的账号ID作为每场直播的标题关键字，并且将直播标题取为自己每天固定直播的时段，通过标题与封面的相呼应，既让观众直观了解直播的主播、时间与内容，还加深了观众对直播间的印象。

2. 凸显直播内容

直播间标题需凸显直播内容，清晰简明，体现主播的直播内容与特色。图6-72所示为凸显直播内容的标题范例，主播是有一定粉丝基础的主播，简明扼要地将提升游戏排名的直播内容总结为"单排冲百星"并设置为了标题，结合直播封面，能够让观众和粉丝明确直播内容。

图6-72　凸显直播内容的标题

3. 拉近与观众的距离

主播起标题时应注意拉近与观众的距离，吸引观众点进直播间。闲聊式标题在聊天直播间较为常见。这类主播塑造的是平易近人、与人无话不谈的形象，吸引观众点进直播间。图6-73所示为闲聊式标题范例，主播结合自身生活状态，用简短轻快的招呼语，能让观众产生亲近感，吸引观众，还能引发观众的互动意愿和表达欲。

图6-73　闲聊式标题

在标题中展现主播与观众的联系点或共鸣点，也能迅速拉近二者的距离。在浩瀚的互联网与纷繁的直播间中，通过标题吸引观众，不仅能够大大提高被观众选中观看的概率，还能提高观众的积极性，增加在直播间的互动。

图6-74所示为共鸣点式直播间标题示例，主播以所唱歌曲的语言为切入口，迅速与喜欢听同种语言类歌曲的观众建立联系，同时还在标题中强调自己"磁嗓"的声音特性，是一个较为成功的标题。

图6-74　共鸣点式直播标题

4. 力求平和

直播间标题应力求平和亲切，而非哗众取宠。"标题党"在各大直播平台都很常见，但噱头过于突出的标题很难收获观众的好感。B站标题的总体风格应以正能量为主，应避免低俗、涉黄、涉赌等，尽量平铺直叙，观点鲜明，不可过度夸张。

直播预告：扩大宣传有预热

主播要想让更多观众看到自己的直播，就必须通过多渠道进行宣传预热。B站动态、主页、粉丝后援团都是主播进行直播宣传预热的重要渠道。多渠道宣传预热能让更多观众了解主播的直播信息，也能为主播的直播间营造良好的氛围，激发观众的热情。

1. 动态预告

B站动态直接与直播区相连，是观众了解直播信息的最佳途径，许多观众在点进直播间后，会习惯性地查看页面下方的主播动态。B站动态拥有发布、转发、评论、点赞等功能，是主播面向新老粉丝的重要窗口。因此，主播可利用自己的B站动态进行直播宣传预热。

动态预告时，主播应注意预告内容的清晰简明，必要时可配上图片，图6-75所示为某"UP主"进行直播宣传预告时发布的B站动态。

图6-75　动态预告

2. 社交平台预告

随着移动互联网的快速发展，人们与各种社交平台的联系也越来越紧密。人们会用QQ、微信等平台沟通工作，用微博、豆瓣等平台了解时事及发表看法，很多人都把闲暇时间贡献给了各种社交软件。许多主播也抓住了这一点，在微博、微信等社交平台上进行更多的直播预热。图6-76所示为某主播在其微博平台的直播预告。

3. 主播公告

主播可在直播间内发布主播公告，已填写的公告将会展示在该直播间的"主播"页面中。许多主播会在直播快结束时进行下次直播的预告，并传达对当前直播间观众的期待与感谢。这种方法有两大好处，一是提醒了当前直播间的观众守候下次直播，这些观众不一定已成为了主播的粉丝，可能留待下次直播时再做观望。二是与当前直播间的粉丝建立了联系，激励他们参与下次直播的热情。主播在直播间发出预告后，应注意发布对应的动态，让其他粉丝得以跟进。

图6-76　社交平台预告

形象风格：突出个人魅力

对直播主播而言，打造个人形象是一个需要不断努力、不断接受反馈、不断改进的过程。直播主播必须在个人美感和观众喜好之间找寻平衡，才能让自己获得最好的机会。

塑造形象不仅指外表，而且包括语气、表达、动作、才艺、仪态等多方面内容，这些都需要一定的构思和实践经验。直播主播应结合自身特色不断尝试，挑战不同风格，如清新爽朗、豪放不羁、甜美动人等等，不断磨合，一定能找到适合自己的特色。

1. 挑选合适的话题

不同风格的主播会挑选不同的话题。乐观开朗的主播在聊天时可积极拓展话题，多聊聊自己的体会与感受。自信沉稳、矜持冷艳的主播则可适当对观众提出的某些敏感话题避而不谈，塑造自己随时留有余裕的形象。

2. 直播间配饰

如果是真人出镜，主播需要注意直播间配饰的风格与要素，甜美型主播可借毛绒玩偶、粉色家具等配饰塑造直播间氛围。如果是以虚拟偶像的形象出镜，主播可在直播页面的设计元素上费点心思，让直播画面更加丰富，辅助营造直播间氛围。

图 6-77 所示为 B 站某以玫瑰元素为标志的虚拟偶像主播的直播间画面，该主播就是在其直播间页面设计上用了巧思，将玫瑰元素的配饰融合在了虚拟人物形象、送礼观众的展示栏等直播间的众多内容栏目中。

图 6-77　虚拟主播的直播间配饰

3. 展示才艺

主播可适当展示才艺，丰富个人形象，提高观众的期待值。如果你喜欢音乐、爱好唱歌，就能发扬你的优势，偶尔为观众唱一首歌，以积极开朗的心态演绎你的才艺，自然会受到观众的欢迎和认可。

值得注意的是，塑造受观众欢迎的形象并不意味着要时时刻刻取悦观众。如果直播主播一直循规蹈矩，刻意地代入自己塑造的"人设"之中，反而会令观众觉得生硬，产生审美疲劳。过于单调的形象也不利于吸引新的观众。

第 7 章

后台管理：让B站运营
井井有条

　　后台管理是指B站的内容管理、粉丝管理、互动管理、创作设置等多种管理功能。"UP主"在创作中心页面可以利用内容管理功能进行投稿、申诉、字幕等批量管理，在粉丝页面可进行粉丝概览、互动等，并且还能创建粉丝团，增加粉丝活力。B站还设置有互动管理、创作设置、社区管理等功能，以提升B站用户的使用体验。本章将介绍B站的多种后台管理功能的使用方法。

7.1 内容管理

为了让"UP主"的创作更加便捷，B站在创作中心页面设置了不同投稿内容的管理版块，"UP主"可批量进行稿件管理、申诉管理和字幕管理，有利于"UP主"对创作内容进行查看和编辑。本节主要讲解B站内容管理的具体内容和操作方法。

稿件管理：稿件的批量处理

稿件管理中包括视频管理、专栏管理、互动视频管理和音频管理功能，"UP主"能随时查看各稿件的播放量、收藏数、评论数等多项数据，十分方便。下面介绍如何进入稿件管理页面，并在其中查看各种稿件。

1. 视频管理

"UP主"可以在创作中心页面进行视频稿件的管理，并查看所有通过审核的视频稿件。下面分步介绍如何管理视频稿件。

❶ 打开浏览器，登录B站首页，单击右上角"创作中心"按钮，如图7-1所示。

图7-1　单击"创作中心"按钮

❷ 在创作中心页面的左侧导航栏内，单击"内容管理"下属的"稿件管理"按钮，打开稿件管理页面，如图7-2所示。

图7-2　单击"稿件管理"按钮

❸ 在稿件管理页面中单击"视频管理"按钮，进入视频投稿管理页面，如图7-3所示。

图7-3　单击"视频管理"按钮

❹ 在视频管理页面内，单击"编辑"按钮，可重新编辑已投稿的视频，如图7-4和图7-5所示。

图7-4　单击"编辑"按钮

图7-5　重新编辑页面

❺ 在视频管理页面内，单击右侧的"数据"按钮，可查看已投稿视频的各项数据，如图7-6所示。在视频数据页面中可查看互动分析版面和流量分析版面，如图7-7所示。

图7-6　单击"数据"按钮

图7-7　互动分析和流量分析

❻ 在视频管理页面内，将鼠标指针停留于⋮按钮，可查看更多该视频的管理选项，如弹幕管理与评论管理等，如图7-8所示。

图7-8　其他视频管理选项

2．专栏管理

"UP主"可以在创作中心页面进行专栏文章稿件的管理，并查看所有通过审核的专栏文章稿件。"UP主"还可创建文集，并将选定文章添加到文集中。下面介绍如何进行专栏文章的管理。

❶ 在创作中心的稿件管理页面中单击"专栏管理"按钮，进入专栏投稿管理页面。在专栏投稿管理页面中，可查看B站专栏的各项数据，如图7-9所示。

图7-9 单击"专栏管理"按钮

❷ 在专栏稿件管理页面内，单击"创建文集"按钮，可创建新的文集，如图7-10所示。

图7-10 单击"创建文集"按钮

❸ 在图7-11所示的文集创建页面中，选择文集封面，输入文集标题、简介，单击"确认"按钮，即可完成文集创建。

图7-11 完成创建文集

❹ 文集创建成功后，会在专栏管理页面中的"我的文集"一栏显示该文集，如图7-12所示。

图7-12 "我的文集"

❺ 点击想要编辑的文集，进入文集的编辑操作界面，可以重新编辑文集信息，为文集增加或删减收录的专栏文章，如图7-13所示。

图7-13　文集管理

❻ 在专栏投稿管理页面中，单击 ▢▢▢ 按钮，可对某篇专栏文章进行编辑或删除，每篇专栏文章只能修改3次，如图7-14所示。

图7-14　编辑或删除文章

❼ 单击"编辑"按钮后，可以修改专栏文章的正文、分区、封面、插图等内容，如图7-15所示。

图7-15　修改已发布的专栏文章

3．互动视频管理

"UP主"可以在创作中心页面进行互动视频稿件的管理，查看所有通过审核的互动视频稿件，并对互动视频的剧情树进行重新编辑。在创作中心的稿件管理页面中单击"互动视频管理"按钮，进入互动视频投稿管理页面，如图7-16所示。

图7-16　单击"互动视频管理"按钮

互动视频投稿管理页面与视频投稿管理页面功能相似，在此不再赘述。在互动视频管理页面内，单击左侧的"编辑"按钮，可重新编辑已投稿的视频；单击右侧的"数据"按钮，可查看已投稿视频的各项数据；将鼠标指针停留于 ⋮ 按钮，可查看更多该视频的管理选项。

4. 音频管理

"UP主"可以在创作中心页面进行音频稿件的管理,并查看所有音频稿件的审核情况。"UP主"可以上传音频单曲,也可以创建合辑,并将选定音频添加到合辑中。下面分步介绍如何在创作中心中管理音频稿件。

❶ 在稿件管理页面中单击"音频管理"按钮,进入音频投稿管理页面,如图7-17所示。

图7-17 单击"音频管理"按钮

❷ 在音频管理页面的合辑栏中,点击右上角的"新建合辑"可以创建新的音频合辑,如图7-18所示。

❸ 在合辑栏中,可以查看每一个音频合辑的收听数、评论数和收藏数,还能编辑或是删除合辑,如图7-19所示。

图7-18 点击"新建合辑"

图7-19 编辑合辑

❹ 在单曲栏中,可以查看所上传单曲的审核情况,对每一首单曲进行加入合辑、编辑、删除、下载等操作,还可以查看单曲的收听数、评论数和收藏数,如图7-20所示。

图7-20 管理音频单曲

音频投稿管理页面内,"UP主"创建新的合辑,编辑已投稿的合辑与音频的具体操作可参考专栏合集与修改专栏文章的步骤,笔者在此不再赘述。

申诉管理:掌握申诉动态

在创作中心页面,"UP主"可单击进入"内容管理"栏的"申诉管理"页面,如图7-21所示。在申诉管理页面,"UP主"可对未正常通过的稿件发起申诉,与管理员直接交流该稿件相关的问题和处理意见。

图7-21 进入"申诉管理"页面

提交申诉信息后，B站客服会尽快进行回复。收到回复后，如"UP主"在7天内未再次提交回复或评价，这一稿件申诉的请求将自动退回。如"UP主"需要对申诉稿件进行补充说明和回复，也需在上一次提交信息回复的7天内进行补充。

若稿件被锁定或退回，"UP主"需要在上传完成后的7个自然日内发起申诉，以便于B站的技术团队快速找回视频，逾期将无法追溯。目前，申诉功能仅针对指定稿件相关的问题，其他与该稿件无关的问题可联系在线客服进行处理。

> **提示：** 点击创作中心右侧的"遇到问题"（图7-22），可以进入B站的帮助中心查找问题，也可以联系人工客服寻求解决办法，如图7-23所示。

图7-22　点击"遇到问题"　　　　　　　　　　　图7-23　选择解决方式

字幕管理：字幕的接受与投稿

"UP主"可以随时为自己的视频添加字幕，并进行字幕管理。在创作中心页面，"UP主"可单击进入"字幕管理"栏的"字幕管理"页面，如图7-24所示。在字幕管理页面，"UP主"可锁定字幕，或允许观众投稿字幕，并审核观众投稿的字幕。

图7-24　进入"字幕管理"页面

如果"UP主"同时通过了同一个稿件同一语言的多个版本的字幕，观众最终仅仅会看到"UP主"最新通过的字幕版本，之前通过的字幕会被自动存档。如果"UP主"为某一字幕设定了"锁定为该版本"，观众便只能看见该字幕。

下面介绍如何为已发布的B站视频添加字幕并管理。

❶ 在B站打开一个已发布的视频，单击视频进度条中的"字幕"按钮，如图7-25所示。

图7-25　单击"字幕"按钮

❷ 在出现的浮窗中，单击"添加字幕"按钮，进入字幕管理页面，如图7-26所示。

图7-26 单击"添加字幕"按钮

❸ 在字幕管理页面内，选择字幕语言，如图7-27所示。

图7-27 选择字幕语言并输入字幕

❹ 选定语言后，可以点击页面上方的"上传字幕"按钮，直接导入字幕文件，如图7-28所示。也可以在页面下方拖动视频画面的进度条至对应画面出，直接手动输入文字，再点击"插入字幕"进行字幕的添加，如图7-29所示。

图7-28 上传字幕

图7-29 插入字幕

❺ 成功插入字幕后，已插入的字幕内容会在下方的进度条栏与右侧的字幕栏中显示，还可以在视频画面中预览字幕效果，如图7-30所示。

❻ 将鼠标指针拖动至字幕栏的对应字母中，可以点击 🗑 按钮删除该字幕，也可以点击 ➕ 按钮在该字幕接下来的画面中添加新的字幕，如图7-31所示。

图7-30　成功插入字幕

图7-31　查看字幕内容

❼ 字幕全部编辑完成后，单击页面右上角的"提交"按钮，提交视频字幕，如图7-32所示。

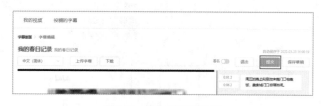

图7-32　单击"提交"按钮

7.2　粉丝管理

B站为用户配备了粉丝管理功能，并在数据中心提供了账号粉丝的相关数据，能够方便"UP主"分析粉丝数据，与粉丝群体互动，同时也为"UP主"对粉丝进行概览、互动、建立社群等操作提供助力。

观众详情：数据体现粉丝特征

"UP主"可在创作中心页面中，进入"数据中心"的"观众"专栏查看粉丝的各项数据，如图7-33所示。"观众"专栏中包括数据概览、粉丝黏性、互动活跃度、粉丝画像和游客画像等各项数据。

图7-33　"观众"页面

下面介绍粉丝管理页面与数据详情。

进入"观众"页面，"UP主"在"数据概览"页面中可看到粉丝的各项基础数据，包括粉丝量、新增关注、净增粉丝、取消关注和领取勋章粉丝数，还能看到账号粉丝量的变化趋势图，如图7-34所示。净增粉丝数是指新增关注粉丝数减去取消关注粉丝数之后的粉丝数变化数值。基础数据会在每日中午12:00更新。

图7-34　基础数据

账号粉丝量的变化趋势图会在每日中午12:00更新前一日数据，数据查看范围系统默认为近7天，但是"UP主"可以自行选择查看"昨日""近7天""近30天"和"近90天"的变化趋势图，如图7-35所示。

图7-35　粉丝量变化趋势

"粉丝画像"指"UP主"粉丝的性别、年龄、兴趣分布、活跃时段和地区倾向。粉丝画像能够帮助"UP主"了解粉丝，制作出更受粉丝欢迎的视频。"粉丝画像"数据会在每周二中午12:00更新。图7-36所示为粉丝画像的数据页面。

"粉丝排行"会显示粉丝的累计视频播放时长排行、视频互动指标排行、动态互动指标排行和粉丝勋章排行，如图7-37所示。其中视频互动指标排行是指根据粉丝于视频稿件中发生的观看、评论、发送弹幕、投币等互动行为得出的综合排行，动态互动指标排行则是指根据粉丝于动态中发生的转发、评论、点赞行为得出的综合排行。排行数据会在每日中午12:00更新。

图7-36　"粉丝画像"页面

图7-37　粉丝排行

"游客画像"是指观看"UP主"视频的非粉丝用户的性别、年龄、兴趣分布、地域分布，游客画像能够帮助"UP主"了解自己的视频较为受哪类用户欢迎，帮助"UP主"制作出更受账号受众欢迎的视频，从而将潜在粉丝转变为账号粉丝。图7-38所示为游客画像的数据页面。

图7-38　"游客画像"页面

粉丝管理：粉丝勋章与骑士团

　　B站的创作中心页面，专门设置有"粉丝管理"版块，可以帮助"UP主"高效管理账号粉丝。粉丝管理版块下设有"粉丝勋章"和"骑士团"两个功能专栏。

　　1. 粉丝勋章

　　粉丝勋章是"UP主"的专属粉丝的身份标识，根据粉丝与"UP主"之间亲密度的不同，设有1~20级的粉丝勋章等级。

　　"UP主"满足以下任意条件后就可开通粉丝勋章。

　　◆ 粉丝数1000以上且在站内视频投稿。

　　◆ 粉丝数1000以上且开通了直播间。

　　"UP主"开通粉丝勋章后，可以在"粉丝勋章"专栏设置粉丝勋章的相关内容，了解粉丝的勋章领取情况以及现有粉丝的粉丝勋章等级，如图7-39所示。

图7-39　"粉丝勋章"专栏

> ▨▨▨▨拓展延伸：应援团是"UP主"的专属粉丝群，只要领取了"UP主"的粉丝勋章，就可以加入应援团。粉丝加入应援团后，可以参与团内聊天，更迅捷地收到"UP主"的消息。"UP主"则能运营应援团，增加与粉丝的互动，增强粉丝的活力。
>
> 　　"UP主"开通粉丝勋章后，可以在B站App的消息界面内创建应援团。每个应援团人数上限为1000人，满员后会自动创建新团。"UP主"可以在每个应援团中设置10位管理员协助管理，管理员和"UP主"一样，可以将指定成员移出应援团。

2. 骑士团

骑士是指由"UP主"自主选择的，能够在该"UP主"的视频中删除或保护弹幕、屏蔽用户弹幕、删除评论的B站用户。只有通过实名认证，并且成为"UP主"粉丝的用户能够成为对应"UP主"的骑士。

骑士团即骑士组成的用户团体，一个"UP主"目前最多可设置10名骑士。

"UP主"可以在粉丝管理的"骑士团"专栏中添加或删除骑士团的骑士成员，并且可以查看每一位骑士的操作日志，如图7-40所示。

图7-40 "骑士团"专栏

7.3 互动管理

B站开发了多种功能，以促进用户之间的互动，发扬社区活力，将有共同兴趣的年轻人聚集在一起，弹幕、评论区、动态等平台为用户提供了表达的多种渠道，有趣、互动性强的视频内容也让用户能和不同"UP主"进行交流。下面介绍"UP主"如何利用B站的互动管理功能，将交流互动变得更高效。

评论管理——评论回复，恶评举报

用户可在"UP主"发布的视频下发表评论，"UP主"则可在创作中心中批量管理这些评论，保留理智讨论的留言，删除或举报恶意评论。下面介绍如何对视频下的评论进行管理。

❶ 进入B站创作中心，在左侧导航栏中单击"评论管理"按钮，如图7-41所示。

图7-41 单击"评论管理"按钮

❷ 在评论管理页面中，可按发布时间、点赞数和回复数的顺序分别查看评论，如图7-42所示。

图7-42 查看评论

❸ 在评论下方单击"回复"按钮，对该评论进行回复，如图7-43所示。

图7-43 单击"回复"按钮

❹ 勾选对应评论，可以对该评论进行举报或删除操作，如图7-44所示。

图7-44 单击"举报"或"删除"按钮

弹幕管理——设置弹幕类型，管理稿件弹幕

"UP主"可以在网页端的创作中心中，单击"互动管理"按钮，进入"弹幕管理"页面进行弹幕的筛选、删除、保护、拉黑用户等工作，如图7-45所示。

图7-45 "弹幕管理"页面

1. 弹幕保护

随着弹幕的逐渐增多，有些特殊的弹幕，诸如字幕、解说等，会被后来的弹幕冲掉而不再显示，"UP主"可以挑选这类优秀弹幕添加保护，被保护弹幕会被置顶，而不会被其他弹幕覆盖。图7-46所示为弹幕保护的操作页面，"UP主"可以在弹幕管理页面的"稿件弹幕"页面中勾选对应弹幕，点击"弹幕保护"，实现此操作。

图7-46 弹幕保护

2. 弹幕过滤

弹幕过滤是指"UP主"对自己稿件的弹幕的类型、黑名单用户、关键词等进行过滤，该过滤管理对"UP主"的所有投稿视频生效。图7-47所示为弹幕过滤的操作页面，具体的过滤信息可在弹幕管理页面中的"弹幕设置"页面中设置。

B站的弹幕过滤功能可设置3种屏蔽方式，即屏蔽字串、屏蔽账号和屏蔽正则模式。

图7-47　弹幕过滤

◆ 屏蔽字串：即为关键字屏蔽。

◆ 屏蔽账号：通过输入用户ID编码屏蔽对应用户，用户ID编码可在视频播放页面屏蔽列表中查看。

◆ 屏蔽正则模式：使用正则表达式过滤弹幕。正则表达式是一种文本模式，该模式描述在搜索文本时要匹配的一个或多个字符串。

消息管理——妙用自动回复让互动更高效

用户在成为一名B站"UP主"后，随着账号运营逐渐走入正轨，会在B站接收到越来越多的消息。为了避免收到众多消息的严重干扰，"UP主"可以从B

图7-48　"消息"按钮

站页面的版头处，点击"消息"按钮，前往消息中心进行消息设置，如图7-48和图7-49所示。

"UP主"与粉丝联系紧密，"UP主"可在"消息"页面自由收发消息。但逐一回复大量的消息会消耗较多时间与精力，对待内容重复与无足轻重的消息，"UP主"可利用B站的自动回复功能，让互动更加高效。自动回复也可用来与新粉丝打招呼，介绍自己。

图7-50所示为B站某"UP主"给新粉丝打招呼的自动回复信息。

目前B站平台要求"UP主"粉丝数达到1000后才能开启消息自动回复。"UP主"的粉丝数到1000后，系统会自动在消息中心内提示"UP主"进行开启自动回复的相关操作。

图7-49　消息设置

图7-50　自动回复

7.4 创作设置

为保护"UP主"权益，促进更多优质UGC内容的生产，B站配备了创作设置功能，可添加视频水印，引导用户关注，还开发了联合投稿这一新兴创作形式。本节将介绍如何使用各类创作设置功能。

水印设置——视频防盗有技巧

"UP主"可以在水印设置里给视频添加水印，选择水印的位置，查看水印的预览效果。若开启水印，稿件会在初次提交时绑定水印设置。若"UP主"在稿件内后续更新视频，水印将继续沿用初次提交的设置。下面介绍如何设置视频水印。

图7-51　单击"编辑"按钮

❶ 进入B站创作中心，在"创作设置"版块中，单击原创视频添加水印设置后的"编辑"按钮，如图7-51所示。

❷ 单击原创视频稿件添加水印后的开关 ，开启水印设置，如图7-52所示。

❸ 选择水印位置，避免遮盖视频画面，并单击"确认修改"按钮，如图7-53所示，即可保存好自己的水印方案。水印设置成功后，可查看视频水印效果，如图7-54所示。

图7-52　打开水印设置开关

图7-53　单击"确认修改"按钮

图7-54　视频水印效果

其他创作设置：助力优质创作

除水印设置外，"UP主"还可以在创作设置页面中为视频创作进行其他操作。

"UP主"可以设置被邀请进行联合投稿时的相关权限，如图7-55所示。

此外，"UP主"还可以进行是否支持投稿内容下公开笔记、极速发布、智能字幕等内容的设置，如图7-56所示。

图7-55 联合投稿权限设置

图7-56 其他创作设置

7.5 社区中心

用户可以从B站首页右上方的版头处进入社区中心，图7-57所示为社区中心入口的位置。用户可在社区中心版面查看社区公告，了解B站反馈给用户的相关信息，并报名加入风纪委员会或进入热词图鉴、哔哩哔哩妙评、小黑屋等其他功能专区。

本节将为大家介绍社区中心的风纪委员会功能专区和小黑屋功能专区，让大家了解B站的社区管理相关条例，更好地进行账号内容管理。

图7-57 进入"社区中心"

风纪委员会：投票裁定社区违规行为

B站风纪委员会是由用户组成的自发维护社区氛围与秩序的组织。成为风纪委员可参与对社区举报案件的"众裁"，投票判决举报案件是否违规。

风纪委员会专区需要用户从社区中心的功能专区中进入，如图7-58所示。

90天内无违规，通过实名认证的B站用户即可加入风纪委员会，任职期间若被封禁将失去风纪委员资格。图7-59所示为加入风纪委员会的申请入口。

成为风纪委员的用户可在风纪委员会首页申请获取案件，并在获取案件后对举报内容是否违规进行投票表决。集合风纪委员的投票意见的这一过程便是"众裁"。"众裁"时间结束后，系统将根据得票情况决定案件判决结果。

◆ 当不少于60%的风纪委员投票认定举报内容为"不违规"时，则案件判决为"不违规"。

◆ 当不少于60%的风纪委员投票认定举报内容为"违规"时，则案件判决为"违规"。

◆ 其他情况下，案件将定性为"未判决"，并在一段时间后重新启动"众裁"。

图7-58 "风纪委员会"入口

图7-59 申请加入

经由风纪委员会"众裁"判决为"违规"的被举报用户，将依据《小黑屋处罚条例》进行封禁处罚，并在小黑屋版面进行公示。

小黑屋：遵守规则避免处罚

小黑屋是B站的用户处罚公示平台。如果用户违反了社区准则并遭到管理员的惩罚，就会在小黑屋版面中进行公示。小黑屋中的公示并不会随着惩罚结束而删除，而会一直保留下去。小黑屋的存在是为了维护B站社区秩序，保护和谐健康的站内交流环境。

图7-60所示为小黑屋专区首页，所有的违规处罚情况都会在此公示，用户也可以在此页面的版首处查看自己的账号封禁记录。

图7-60　小黑屋首页

B站的社区文化要求用户遵守规范并接受处罚。若用户不遵守规范，经其他用户的监督和举报，并由运营人员核实，B站将根据《社区规则》和《小黑屋处罚条例》等相关规则对该用户进行处理。处罚包括警告、锁定违规稿件、扣除收益等，严重情况下该账号会被永久封禁。

为遵守社区规范，用户可在小黑屋版面查看《社区规则》。《社区规则》说明了"九不准"原则、违禁内容、用户账号使用规范、使用建议和投稿规范等，内容清晰翔实，可供所有用户参考。图7-61所示为B站予以公示的社区规则的一部分。

图7-61　B站《社区规则》

除B站《社区规则》之外，小黑屋版面还展示有《小黑屋处罚条例》，供用户随时查阅。图7-62所示为《小黑屋处罚条例》的一部分，对违反规则的行为都有清晰的分类、描述与处理方式。

类别	描述
引战	发布的内容涉嫌对个人或群体进行无端嘲讽、发布仇恨言论，以及故意挑拨他人矛盾
人身攻击	对特定对象或群体进行谩骂、侮辱、污蔑，恶意煽动对立、仇恨情绪
色情	发布的内容涉及淫秽色情信息，或涉及用于传播色情信息的软件、相关网站链接、微博微信等
非法网站	发布的内容涉及各类存在木马、病毒等恶意代码或非法内容的网站及相关链接、微博微信等

图7-62　《小黑屋处罚条例》

第8章

数据分析：用数据反映
运营的情况

　　"UP主"在重视内容创作的同时还需要学会分析数据，通过观察数据对自己账号进行深度的剖析。只有综合各方面的数据才能科学直观地了解B站账号的运营情况，也为"UP主"的账号运营工作提供动力与方向，帮助"UP主"把账号越做越好。

8.1 数据中心

"UP主"可以在B站的创作中心页面的"数据中心"页中查看视频稿件和专栏文章的各项数据，如图8-1所示。B站对视频稿件和专栏稿件的评论数、点赞数、分享数、硬币数、收藏数等多项数据进行了清晰鲜明的图示处理。

图8-1　数据中心

视频数据：视频稿件的基础数据

数据中心的视频专栏里面收录有"UP主"视频稿件的相关基础数据，包括表现总结、核心数据概览、视频稿件在各分区中占比排行。下面介绍视频数据的查看页面与数据详情。

1. 表现总结

视频数据中的表现总结为"UP主"提供近30天同类"UP主"的数据表现情况，帮助"UP主"更好地自我定位并找到努力方向。表现总结栏会在每天中午12点更新昨日数据。

表现总结为各位"UP主"提供播放、投稿、点赞三个维度的个人指标与同类"UP主"指标的对比图，还会显示本账号近30天内的具体投稿数量、播放数量和点赞数量，如图8-2所示。

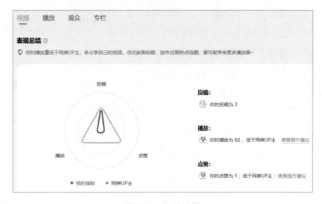

图8-2　表现总结

2. 核心数据概览

核心数据概览中显示视频稿件的播放量、"UP主"空间访客数、净增粉丝数、点赞数、硬币数、评论数、弹幕数、分享数和充电数，还会展示视频的播放量变化趋势图，如图8-3所示。

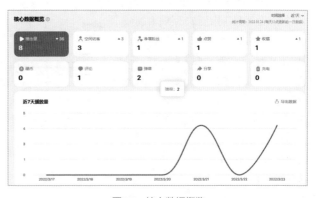

图8-3　核心数据概览

视频的播放量变化趋势图一般默认显示近7天的变化数据，"UP主"可以在右上角的"时间选择"处的 近7天 按钮，按需选择查看昨日数据、近7天数据、近30天数据、近90天数据和历史累计数据，如

图8-4所示。

图8-5所示为近30天播放量变化趋势图示例。

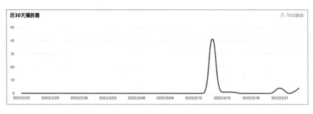

图8-4　时间选择　　　　　　　　　　　　图8-5　近30天播放量变化趋势图

3. 分区占比排行

B站分区众多，用户庞大，"UP主"需根据所在的不同分区把握各分区的观众调性，从而创作出更受欢迎的内容。在视频数据页面中，"UP主"还可查看自己视频稿件在各分区的占比排行情况，如图8-6所示。此数据表示"UP主"在各区的新增播放排名情况，并随投稿动态有所波动，"UP主"可通过自己的排行数据评估各个分区的创作生态。该数据显示昨日各区新增播放排名统计情况。

图8-6　分区占比情况

播放数据：视频稿件的播放详情

数据中心的播放数据专栏提供视频稿件的数据分布和稿件播放完成率的相关数据，帮助"UP主"了解视频稿件的播放详情，以便及时调整创作内容与计划。

1. 数据分布

数据分布能够帮助"UP主"了解近期视频流量的来源渠道，为"UP主"的视频营销策略调整提供参考。数据分布栏的数据会显示视频观众的人群分布、观众来源稿件占比与观看途径，如图8-7所示。

"观看情况"指近30天观看视频的用户的终端使用情况，如Android端、iOS端、PC端、H5端等，数据于每日中午12:00更新。Android端和iOS端指分别来源于对应移动设备的观众用户，PC端指来源于网页的观众用户、H5端指来源于外部网页或App播放器嵌入的观众用户，其他是指来源于除前述之外的观众用户。

图8-7　数据分布

2. 稿件播放完成率对比

"稿件播放完成率对比"可以将"UP主"不同稿件间的播放完成率对比以图像形式展现，"UP主"可以查看全部稿件的对比图示，也可以分别查看自制与转载两种类型的稿件对比，如图8-8所示。播放完成率又称完播率，体现看完整个视频的观众数量，证明视频内容的吸引力，是B站平台评价视频质量、决定是否增大曝光的重要因素。"UP主"应尤其注意完播率的浮动趋势。

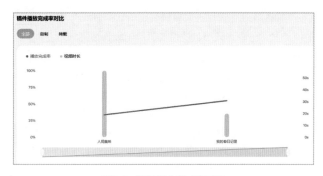

图8-8　稿件播放完成率对比

专栏数据：文章的阅读情况

进入"数据中心"页面，单击"专栏数据"按钮，"UP主"便可查看专栏文章的各项数据，如图8-9所示。专栏数据与视频数据的页面相似，但更加简略，包括基础数据、增量趋势、来源稿件和阅读终端占比版块，"UP主"能随时查看专栏稿件的阅读量、收藏数、评论数、点赞数等多项数据，十分方便。

下面介绍数据中心中专栏文章的数据统计页面。

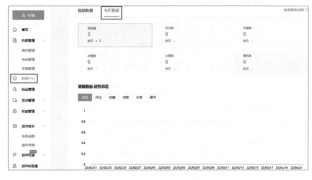

图8-9　查看专栏数据

1. 基础数据

与视频数据相同，专栏数据中的基础数据能帮"UP主"建立对账号专栏的自我认知。基础数据包括"UP主"所投稿专栏文章稿件的阅读量、评论数、收藏数、点赞数、分享数和硬币数，是所有专栏文章收获的反馈总和。

"UP主"单击数据中心的"专栏"，系统会自动跳转至专栏数据页面，该页面上方的几项数据即为专栏稿件的基础数据，如图8-10所示。

所有基础数据会在每日中午12:00更新。这些数据直观地反映了"UP主"所有专栏稿件收获的各维度反馈，能帮助"UP主"对当前声量进行自我评估，从而对以后的创作做出调整。

图8-10　基础数据

2. 增量趋势-趋势总览

"增量趋势"指专栏文章稿件的阅读、评论、收藏、点赞、分享、硬币数的增长趋势，以折线图的形式展示，"UP主"可以根据需要分别查看相关趋势图，如图8-11所示。"增量趋势"能够帮助"UP主"对专栏文章的流量进行预测，在每日中午12:00更新。

专栏文章的流量峰值较常出现在发布当天，"UP主"可根据当天的流量数据及变化趋势，判断该文章是否适应B站专栏区的内容生态。

图8-11　增量数据

3. 来源稿件

"来源稿件"将不同文章在阅读、评论、收藏、点赞、分享、硬币等数据总数中的占比绘制为环图，形象直观，如图8-12所示。"来源稿件"于每日中午12:00更新。"来源稿件"统计图可对"UP主"投稿的视频稿件进行横向对比，"UP主"可利用它判断

图8-12　来源稿件

何种专栏文章更为适应B站生态，对"爆款"文章的各方面条件加以研究。

4. 阅读终端对比

目前，B站的专栏数据页面不显示"游客画像"等具体数据，只显示读者的"阅读终端占比"数据，作为"UP主"了解专栏读者的信息窗口。

"阅读终端占比"指阅读该文章的用户的终端使用情况，如Android端、PC端、iPhone端、H5端等，"阅读终端占比"于每日中午12:00更新，如图8-13所示。"UP主"可利用此数据把握专栏投稿的读者调性与读者的阅读习惯。专栏文章在PC端与移动端的显示界面有较大差异，需要"UP主"针对不同终端进行版面调整，带给读者更好的阅读体验。

图8-13　阅读终端占比

"UP主"小助手：巧用周报看数据

为了帮助"UP主"更好地了解自己的创作生态，B站推出了荣誉周报推送功能。这份一周创作成果简报将在每周日19点发布到每个"UP主"的消息区和创作中心页面。下面介绍如何查看"UP主"的荣誉周报，了解一周内"UP主"的投稿信息。

1. 查看荣誉周报

❶ 打开B站App的个人界面，在"创作中心"列表中点击"创作首页"按钮，进入创作中心，如图8-14所示。

❷ 在创作中心页面，点击"更多功能"按钮，如图8-15所示。

❸ 进入更多功能列表，点击"荣誉周报"按钮，即可查看"UP主"荣誉周报，如图8-16所示。

图8-14 点击"创作首页"按钮　　图8-15 点击"更多功能"　　图8-16 点击"荣誉周
按钮　　　　　　　 报"按钮

2. 解读周报信息

荣誉周报目前主要统计的是视频"UP主"数据，并以图示方式呈现，较为直观。下面介绍如何对周报信息进行分析与解读。

"每周一字"是根据"UP主"这一周稿件的各种数据总结出来的一个字，是对"UP主"本周创作生态的描述，例如一周数据中较为突出的是视频浏览量和弹幕数的"UP主"此栏会出现"迹"字，如图8-17所示。每位"UP主"每周出现的字都可能不相同，创作表现积极的"UP主"还会出现优秀评级。

"近期战况"会根据最近4周稿件的播放量、粉丝数、点赞数、硬币数和分享数5种互动值分别制作数值增量趋势示意图，如图8-18所示。

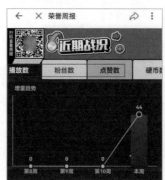
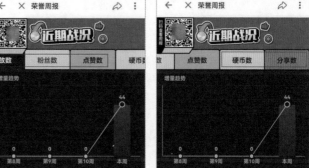

图8-17 "每周一字"　　　　　　　　图8-18 "近期战况"

"新起之秀"指本周新增播放量最高的稿件，"史上之最"则指历史累计播放量最高的稿件，供"UP主"进行纵向对比，如图8-19所示。

图8-19 "新起之秀"和"史上之最"

8.2 第三方数据平台

第三方数据平台，就B站平台与B站用户而言，意思就是非B站平台方，也非"UP主"方的，提供数据的其他平台。实际上，第三方数据平台指利用聚合器，从生成原始数据的其他各种平台和网站提取数据，再进行归纳整理的数据平台。不少平台都为这类数据提供购买渠道，客户可以通过许多不同的途径访问这些数据。

在针对B站研发的第三方数据平台里，平台运营者通常都会汇总B站数据，并根据行业、受众行为和兴趣及其他特征将这些数据分门别类，再将每个类别加以细分，提供给客户，为客户的运营与创作活动助力。

第三方数据数量大、范围广，"UP主"可以利用第三方数据平台来扩展受众，也可以更深入地了解受众的兴趣喜好。

第三方数据平台的优势

第三方数据平台在数据的应用、监测与运算方面都有独特优势，平台权威性强，技术扶持力度大，能使客户增进对B站环境的了解，使自身定位更加精确。

1. 权威数据应用与分析

第三方数据平台作为内容价值评估产品，其应用的数据一般都受权威标准认可，能让行业公认，能为客户带来全面的实时热门素材、热门话题、主流受众分析等数据服务。图8-20所示为某三方平台针对大数据的多种应用与分析。

第三方数据平台还会根据所得的平台数据，进行详尽地数据分析，帮助内容创作者洞察行业风向与趋势，了解平台相关热点与快讯。图8-21所示为某B站的第三方数据平台发布的B站行业洞察与内容资讯页面。

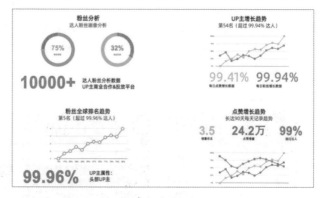

图8-20　大数据应用

图8-21　行业洞察与内容资讯

2. 全面的内容数据体系

第三方数据平台会与B站、微博、小红书这类互联网平台达成合作协议，联合发布数据榜单，构筑全面的内容数据体系。三方数据平台在对B站账号进行价值评估的同时，还会对有影响力的优质"UP主"、弹幕、评论等数据实行每日固定监测，分析B站内容生态。图8-22所示为某三方数据平台提供的多种数据监测服务。

图8-22　数据监测服务

3. 依据算法来制作榜单

第三方数据平台可以利用高效精准的算法，监测获取大量信息，并以此为基础发布账号影响力排行，并根据内容品类、地域、行业等加以细分，形成贴合客户需求的多种排行榜。

这些排行榜不仅显示绝对数据，还能反映"UP主"在所属内容领域中的影响力排行，客户可使用粉丝量、成长度等不同维度的指标进行比较。除用于榜上"UP主"间的比较之外，客户也可以利用三方数据进行自身的跨期比较。图8-23所示为某第三方平台展示的"UP主"粉丝充电数排行榜。

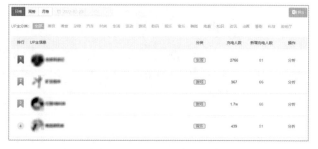

图8-23　月度UP主粉丝排行榜

第三方数据平台的作用

第三方数据平台收集、整合数据并出售给企业或个人，以帮助客户培养受众洞察力，建立有效战略，增强运营实力。

1. 提升投放效果

在B站创作内容时，如果某个内容领域视频的互动数据忽高忽低，变动较大，"UP主"对于该领域视频稿件的投放效果就很难预估。第三方数据平台可以精准定位"UP主"类别，从而大幅度提升接触受众的精准度，聚合新媒体内容流量，提供策略投放、内容定位等专业服务，提升"UP主"的稿件投放效果。

在B站进行商业营销时，产品受众的性别与年龄各不相同，第三方数据平台也可以进行性别、年龄、地域、报价等多方面的筛选，再推进创意策划、营销执行等专业服务。图8-24所示为某第三方数据平台的B站优质"UP主"资源库的达人筛选页面。

图8-24　筛选达人"UP主"

2. 助力运营与创作

磨刀不误砍柴工，包括企业、商家、"UP主"在内的所有新媒体从业人员，都应该重视知识更新以及相关运营培训内容的学习。优质的运营与创作课程能够帮助他们在账号运营、内容创作上取得进步。

除平台信息之外，第三方数据平台往往提供咨询、教学、数据分析等服务，帮助客户精准定位账号、规划创作内容、增强运营实力。图8-25所示为某第三方数据平台的B站内容运营课程与服务。

图8-25　B站内容运营课程与服务

第三方数据平台的推荐

随着B站的广为人知，市面上针对B站的第三方数据平台越来越多，各个平台的分析特色与经营侧重不一，客户需从中挑选贴合自身需求的平台。下面以火烧云和新站为例，介绍数据分析平台的运营特色与实用性，为读者选择平台提供参考。

1. 新站数据

新站是新榜旗下的B站数据工具，提供包含"UP主"、素材、活动、推广、品牌等多维度数据，内容涉及B站"UP主"、作品、榜单及广告营销等，全方位洞察B站生态，助力账号涨粉、视频创作及商业化变现。

> **拓展延伸：**新榜是一个内容产业服务平台。以榜单为切口，新榜向众多500强企业、政府机构提供线上、线下数据产品服务，"号内搜""新榜认证""分钟级监测"获得广泛应用。

图8-26所示为登录新站后的用户首页，其中为用户提供了丰富的B站内容信息。从页面左侧导航栏不难发现，新站为用户提供B站"UP主"、素材、恰饭推广和品牌营销等B站"UP主"内容创作、营销与推广的相关数据。

新站支持用户免费使用众多功能，其优势在于对"UP主"账号的全面系统的数据分析，能够通过大量的数据排行来帮助"UP主"和商家了解相关创作者的领域影响力、恰饭推广情况以及B站平台内容品牌营销情况。图8-27所示为新站的功能目录。

图8-26　新站首页

图8-27　新站功能

2. 火烧云数据B站版

火烧云数据B站版是专业的B站大数据分析平台，对独立"UP主"而言，它能助力"UP主"快速涨粉、商业变现，对品牌方和广告公司而言，它能洞察竞品投放情报，匹配优质"UP主"，使商业投放更精准高效。

图8-28所示为用户登录火烧云数据后的网站首页，用户可以从页面左侧的功能导航栏中点击功能，查看相关数据。

图8-28 火烧云数据首页

火烧云的优势在于专业性强，针对性高。在品牌营销方面，火烧云推出商品数据分析、商品销量榜单、直播监测、"UP主"带货数据分析等功能，在为品牌匹配优质"UP主"、管理运营账号和分析竞品品牌等方面有着亮眼的表现。图8-29所示为火烧云对"UP主"、品牌方和广告公司提供的多种服务。

图8-29 火烧云数据平台的多维服务

在账号运营方面，火烧云致力于挖掘潜力"UP主"，为"UP主"的账号运营服务。火烧云通过解析实时数据、公布"UP主"实时行业排名、绘制"UP主"粉丝画像，使"UP主"的账号运营更精细。并且还细致分析B站平台整体的"UP主"投稿、粉丝活跃情况，帮助"UP主"了解整个B站的创作投稿环境，如图8-30所示。

图8-30 火烧云的B站平台分析

除此之外，火烧云还实时记录B站数据变化趋势、新视频涨粉数、全网热点、B站热点话题等数据，助力"UP主"的创作。图8-31所示为火烧云数据平台的视频监测功能。

图8-31 火烧云的视频监测功能

3. 飞瓜数据B站版

飞瓜数据B站版是专门针对B站平台的数据服务平台，它集数据服务、策略咨询、营销投放等为一体，为内容创作者、投放主、品牌方提供品牌直播与视频营销分析、流量趋势洞察、舆情声量解读等服务。

图8-32所示为用户登录飞瓜数据后的网站首页，用户可以从页面左侧的功能导航栏中点击功能，查看相关数据。飞瓜数据设置有数据大盘、创意灵感、"UP主"查找、品牌推广、电商分析、直播分析、手游分析等功能版块，用户可以按需查询相关数据。

图8-32　飞瓜数据首页

飞瓜数据的行业大盘数据分析会分别针对B站的视频内容所属的行业，进行全面的实时数据分析，如图8-33所示。

上述的三个第三方数据平台都会免费为用户提供部分B站平台的相关数据，但是付费用户能够获取更加全面系统的深度数据与内容报告。

除本节列举的第三方数据平台外，还有很多出色的数据分析平台。每家数据分析平台都有自己的优势，可以根据它们各自的特点，再结合自身的需求来进行选择，合适的才是最好的。

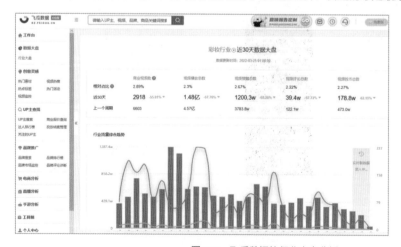

图8-33　飞瓜数据的行业大盘分析

第9章

流量变现：B 站的
商业变现逻辑

　　B 站平台一直注重优质内容的制作产出，为了能够培养内容创作者，让创作者在 B 站创作更多优质的内容，B 站推出了多样的创作成长与激励的途径。B 站对于"UP主"，首先是对"UP主"进行创作引导与培养，为他们营造优质的创作环境，提供创作支持。当"UP主"的内容创作达到一定质量后，B 站也为各位"UP主"提供了更多的收益与机会，帮助"UP主"实现更有价值的创作。

　　本章将通过介绍 B 站为"UP主"们提供的创作支持以及为"UP主"提高创作收益的具体途径，为大家说明如何通过 B 站平台的账号运营进行流量变现。

9.1 创作成长 积累经验

每一位B站"UP主"在成为一名优秀的内容创作者之前，都有一个或长或短的成长过程。因此，B站为所有的"UP主"提供了学习创作的平台，并通过比赛、活动等方式激励"UP主"积极投身于作品的打磨之中，不断提高内容创作水准，让更多优质的作品能与观众见面。本节主要介绍B站为"UP主"提供的成长指引和创作激励。

任务成就：成长系统与积分兑换

任务成就是B站为了提高"UP主"的创作热情，引导新人"UP主"熟悉创作投稿内容而创设的一大特色功能。B站会不定期地发布一些内容创作相关的任务，任务一般分为限时任务、成长任务和新手任务三种。通过完成这些创作相关任务，"UP主"可以了解学习B站内容创作和投稿的相关要领，还能够赚取更多的创作积分。"UP主"积累的创作积分可以用于兑换B站大会员、头像框、抵用券等奖品。

限时任务是B站平台方不定期给"UP主"发布的、限定任务完成时间的任务。

成长任务是指"UP主"开启电磁力后，将会在每周一19:00点收到不同的成长任务，按要求完成成长任务，就可以获得额外的积分奖励，还能提升自己的电磁力分数。

新手任务是指每一位"UP主"都会收到的几个帮助"UP主"初步了解创作投稿流程相关操作的任务。

> **提示：** 有关电磁力的相关内容笔者会在下文的创作激励中详细说明。

下面以PC端为例，具体介绍B站任务成就功能的相关操作。

1. 任务的查看与完成

B站任务成就的入口和完成任务的相关操作如下。

❶ 打开浏览器中的B站网页，登录账号，进入B站首页，在页面右上角单击"创作中心"按钮，如图9-1所示。

❷ 进入创作中心，在页面左侧的导航栏中单击"创作成长"按钮，在展开菜单中点击"任务成就"按钮，进入任务成就页面，如图9-2所示。

❸ 进入任务成就页面后，在对应任务类型的任务栏中查看可进行的创作任务，如图9-3所示。

图9-2 进入任务成就页面

图9-1 进入创作中心

图9-3 查看相关创作任务

❹ 单击任务标题后方的"问号"按钮⑦查看详细的任务描述，如图9-4和图9-5所示。

图9-4　点击问号按钮

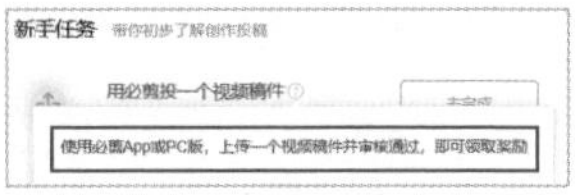

图9-5　查看任务说明

❺ 单击任务后方的"去完成"或"去分享"按钮，会自动跳转至对应的页面，便于任务的完成与跟进；完成任务后，在任务框内会显示已完成的字样并获得相应的任务积分，如图9-6所示。

图9-6　任务状态显示界面

提示： 限时任务只有在时效内才会显示在任务成就页面，如需查看以往的限时任务，需要单击页面下方的"查看历史任务"按钮，进入历史限时任务中查看。

2. 积分的查看与使用

"UP主"每完成一个任务就能够获得相应的积分，积分可以用于兑换专属的装饰物、会员购优惠券或是其他一些奖品。下面将具体介绍查看任务积分和兑换奖品的方法。

❶ 从创作中心进入任务成就页面后，页面上方就会显示当前创作积分的数值，单击旁边的"创作积分"按钮，进入创作积分的详情页面，如图9-7所示。

图9-7　进入创作积分详情页面

❷ 在创作积分的详情页面中，单击"获取"按钮或"使用"按钮，查看积分的来源和使用情况，如图9-8所示。

图9-8　查看创作积分的来源和使用情况

❸ 在创作积分的详情页或任务成就页右上角单击"兑换商城"按钮（如图9-9所示），进入积分兑换页面，如图9-10所示。

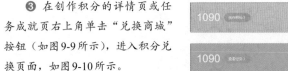

图9-9　点击"兑换商城"

图9-10 积分兑换页面

❹ 在积分商城中，选定好需要兑换的奖品，将鼠标指针移至对应奖品的封面上，单击封面上出现的"立即兑换"按钮，即可进入奖品的兑换页面，如图9-11所示。

图9-11 点击"立即兑换"

❺ 确认兑换奖品的订单信息。若奖品为虚拟的商品则会默认发货到B站的账号，若为实体物品则需填写详细的收货地址和联系方式，如图9-12所示。

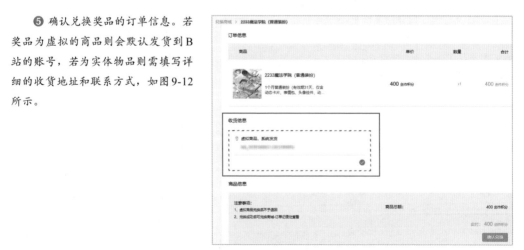

图9-12 确认兑奖信息和收货信息

❻ 注意查看积分兑换的注意事项，确认兑换订单的信息无误后，单击"确认兑换"按钮完成兑换，如图9-13所示。

图9-13　确认兑换

创作学院：课程竞赛辅助"UP主"

创作学院是B站为"UP主"开设的一个学习借鉴内容创作相关知识的平台。在创作学院中，有很多官方课程和"UP主"合作课程，这些课程能够为"UP主"的内容创作带来很大助力。

打开浏览器登录B站账号，进入创作中心，在导航栏中单击"创作学院"按钮，就能进入B站的创作学院，如图9-14所示。

B站创作学院主要包括官方公开课、定制课程、课程分类、实践基地这4个版块，如图9-15所示。

图9-14　单击"创作学院"

图9-15　创作学院

1. 官方公开课

官方公开课包含由B站官方账号发布的课程和官方与知名"UP主"合作发布的课程，这些课程主要以B站内容的创作和运营为主题，根据内容的难易程度又分为入门课程和进阶课程，并且还分别针对视频内容和专栏内容进行了区分，如图9-16所示。

图9-16　官方公开课

所有的公开课程均是免费供"UP主"观看的，虽然视频篇幅有限，也不是完全系统全面的创作课程体系，但也凝聚了B站官方和"UP主"的创作经验和心得，能够为其他"UP主"提供新的思路与内容。

图9-17所示是B站官方与某知名科技"UP主"合作制作的以初学者VLOG剪辑为主题的课程。这样的课程融入了"UP主"个人丰富的创作经验，官方团队的参与使得教学视频的整体质量较高，从素材整理、叙事方式、剪辑工具、视频发布等角度，细致说明了初学者如何更好地剪辑创作，对新人"UP主"而言很高的学习意义，对有经验的"UP主"而言也能够有所启发。

图9-17　B站官方与"UP主"合作制作的课程

2. 定制课程

定制课程是B站官方根据B站热门的视频类型,为"UP主"提供的创作对应类型视频全步骤的讲解课程,"UP主"可以根据自身的需求选择学习的内容。相较于官方公开课程,一般定制课程的内容会更为专业,常常会以专题的形式将内容分P讲解,这类课程比较适合有一定创作基础的人观看。

目前B站的定制课程有vlog、实况杂谈、影像剪辑、MMD、翻唱和鬼畜这6类视频的定制课程,点击对应视频类型会显示视频类型的介绍与适宜投稿的分区。每类课程按照学习内容的顺序分步骤引导学习,每个步骤下属课程都有对应的推荐软件、基础技能和进阶技能。

"UP主"首先需要选择定制课程的类型,然后选择想要学习的具体环节和所用的软件,系统会根据这些选择提供较能满足需求的课程给予推荐,如图9-18所示。

图9-18 按照需求定制课程

3. 课程分类

在创作学院还有许多"UP主"自制的免费教学视频,"UP主"们利用视频内容形式把自己掌握的创作知识和技巧分享给大家。这些视频被B站官方收纳、整理并细分为许多不同的类型,全部放置在了创作学院的课程分类中。

图9-19所示为B站创作学院的课程分类,分为取材创意、作图绘画、音频处理、后期剪辑、特效合成、进阶技能共6大类,每个大类下又分为了若干个不同的内容小类,"UP主"点击对应课程大类即可根据自身需求选择相应的小类课程进行观看学习。

图9-19 课程分类

4. 实践基地

实践基地为新人"UP主"提供了参与创作竞赛、展示作品的机会,并借此激发UP主的创作热情。UP主们可以通过投稿符合比赛主题的作品,参与到竞赛之中,优胜者可以获得B站平台方的扶持与奖励。

目前,实践基地开办的创作竞赛有"创作新秀奖"和"新星计划"。

"创作新秀奖"是针对粉丝数小于5万的"UP主"所开设的奖项,每一期的"创作新秀奖"会指定3个创作内容的垂直品类,"UP主"只要发布对应品类的视频就能参与。B站官方从内容质量、选题特色度和用户的喜爱度三大维度,并结合评委意见,对"UP主"所发视频来进行综合评分。每一期最高选出200名UP主入围"创作新秀奖"的最终评比,根据综合表现从入围的"UP主"中选出"创作新秀奖"的得主,其创作的作品会得到B站的大力推荐,还会在"创作新秀奖"的往期优秀作品中展示,如图9-20所示。

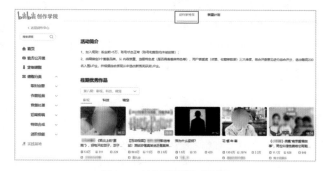

图9-20 创作新秀奖作品展示

"新星计划"是针对粉丝数少于1万的新人"UP主"开展的多垂直品类内容的创作竞赛。"新星计划"
每期会有特定的规则和玩法，一般会分为瓜分奖金池
和优秀作品评选两个部分。

在瓜分奖金池部分，"UP主"按照活动具体要求
发布自己的作品，B站会按照发布稿件的点赞、投币、
播放量和粉丝量等诸多因素进行筛选，然后按照单稿
的播放量予以"UP主"相应的奖励。有时"新星计划"
也会调整为入围的视频作品获得大会员或其他勋章奖
励，而获奖的"UP主"获得奖金的奖励机制，如图9-21
所示。

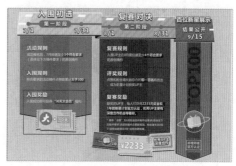

图9-21　新星计划奖励机制示例

优秀作品评选部分和"创作新秀
奖"类似，但是赛制更为简洁，通常
是从"新星计划"的入围作品中，选
取点赞数和粉丝增长数总和的前100
名为"新星计划"的获奖"UP主"。
获奖"UP主"除了可以获得现金奖励、
获得"新星计划"官方认证以外，还
有机会与B站进行深度合作，还有可
能享受B站激励计划中的部分特权。

图9-22所示为往届"新星计划"
的优秀作品展示。

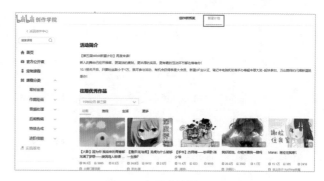

图9-22　新星计划作品展示

9.2　创作收益　源源不断

B站很多"UP主"以"用爱发电"而备受好评，但要想创作出精良的作品，免不了人力、物力的投入。
为了充分激发"UP主"的创作热情，也为了"UP主"能依靠创作获得一定的收入，B站打造了一系列
的平台和窗口助力"UP主"用自己的优质作品获得更高的收入。本节主要介绍B站为"UP主"开通的4
种变现渠道。

创作激励：质量与收益成正比

创作激励是B站对于一些有良好的创作能力和优质作品的"UP主"开放的收益渠道，当"UP主"
开通创作激励后，其发表视频或专栏文章都可以根据播放量（阅读量）、点赞、投币和收藏等获得一定
的创作激励金（用于会员购券和大会员的兑换）。创作激励的开通有着一定的限制条件，对于视频创作
者而言，想要开通创作激励需要创作力或影响力达到55，且信用分至少80分，专栏创作者要开通创作
激励需要阅读量大于10万。下面以B站App中的操作为例，简单介绍创作激励的开通方法。

❶ 打开B站App登录账号，点击页面下方的"我的"按钮，在个人页面中点击"创作首页"按钮，
进入创作中心，如图9-23所示。

❷ 在创作中心页面中，点击"创作激励"按钮，进入创作激励页面，如图9-24所示。

❸ 进入图9-25所示的创作计划加入页面，若视频"UP主"电磁力等级达到Lv3且信用分在80分或80分以上、专栏"UP主"的阅读量达到了10万或10万以上，点击"申请加入"，即可成功加入创作激励计划。

图9-23 点击按钮进入创作中心

图9-24 点击按钮进入创作激励页面

图9-25 点击按钮开启创作激励

提示： 创作者的电磁力需要在任务成就系统中完成"新手任务"才能被开启，要想加入创作计划就需完成所有的新手任务。

"UP主"可以在创作计划页面下方的"我的电磁力"一栏中，点击"查看详情"，了解自己的电磁力相关数据，如图9-26所示。满足条件后点击创作激励中的"申请加入计划"按钮，就能开启创作激励。

"UP主"也可以从创作中心下属的创作实验室中，点击"电磁力"，查看自己的电磁力相关数据，如图9-27所示。

图9-26 "我的电磁力"

图9-27 点击"电磁力"

充电计划：粉丝助力成长

"充电"计划是B站提供的在线打赏功能，粉丝可自愿前往为"UP主"的作品页面或个人空间进行"充电"。粉丝为"UP主""充电"需要使用B币来支付，支付完成后，"UP主"会获得对应的贝壳（即收入），如图9-28所示。

图9-28　粉丝自愿为"UP主"充电

粉丝"充电"是对"UP主"的一种认可和支持。下面以PC端B站为例，讲解"UP主"如何参与B站的充电计划，来获得粉丝的打赏。

❶ 打开浏览器登录B站，并进入创作中心，在左侧的导航栏中"收益管理"下方单击"充电计划"按钮，如图9-29所示。

❷ 在"充电计划"的页面中单击勾选"同意接受《充电计划UP主用户协议》"复选框，然后单击"立即参与充电计划"按钮，开启"UP主""充电"的功能，如图9-30所示。

图9-29　单击"充电计划"按钮

图9-30　勾选协议并单击按钮开启"充电"功能

❸ 开启"充电"功能后，可以在页面中查看贝壳数、充电记录和留言记录，如图9-31所示。

图9-31　查看贝壳数、充电记录和留言记录

悬赏计划：视频带货有分成

悬赏计划全称为bilibili悬赏计划，是B站推出的官方商业计划，帮助"UP主"通过在视频下方悬挂广告的方式获取收益。

"UP主"只需粉丝累积达到1000人，在30天内有原创视频发布，并且完成了账号的实名认证即可报名参加悬赏计划。在"创作中心"中的"收益管理"中单击"悬赏计划"的按钮进入页面，满足条件后单击"立即加入"按钮即可，如图9-32所示。

图9-32　加入悬赏计划

加入悬赏计划后，"UP主"可以自主选择广告关联在自己的视频下方，所悬挂的广告将标上"UP主推荐广告"字样，B站将根据"UP主"选择的广告的曝光度或商品销量为其发放收益。

B站的悬赏计划面向"UP主"个人开放的同时，也支持第三方机构进行报名，通常来说，以机构报名的形式加入悬赏计划可以为"UP主"减少时间成本，由机构进行广告接单的管理工作，还可以让接单更加高效。在收益方面，"UP主"个人报名可以获取广告出价的50%，而第三方机构报名则可获取广告出价的60%（机构与"UP主"的再分成需要自行协商）。

图9-33所示是一个悬挂了广告的B站视频示例，"UP主"在视频下方为某机构进行了剪辑课程的广告宣传，可以获得相应的广告收益，有兴趣的观众通过点击视频下方的链接可以跳转至该课程的宣传详情页。

图9-33　悬挂广告的视频示例

花火平台：官方商业合作平台

花火平台是B站官方推出的服务于广告主和"UP主"的商业合作平台，旨在为广告主和"UP主"提供安全高效的商业交易服务。

图9-34所示是B站花火平台的页面，目前，花火平台主要针对品牌主、代理商、"UP主"和MCN用户开放，只有这几类特定的用户可以在花火平台上完成注册。

◆ 品牌主是指旗下品牌的产品有推广需求的品牌商。

◆ 代理商是指代理多个品牌进行宣传和推广的企业公司。

◆ "UP主"即满足入驻花火平台要求的视频原创者，经过申请后可以入驻花火平台，寻找品牌主和代理商进行商业合作。

◆ MCN主要是指与众多"UP主"签约合作的经纪公司，根据"UP主"的特点寻找品牌主和代理商进行商业合作。

满足上述条件的用户可以提交花火平台的入驻申请,工作人员会在提交申请后的3至5个工作日内与用户沟通核实申请的相关资质。

成功入驻花火平台的"UP主"和MCN可以设定自己的接单状态和商单报价,品牌主和代理商可以根据自己的需要进行邀约。待"UP主"接单后,可以在花火平台上完成样片的交付和确认等工作。最后,"UP主"发布视频或联合投稿即可完成对应的推广,由品牌主或代理商向MCN或"UP主"个人支付相应的费用,如图9-35所示。

图9-36所示为"UP主"与品牌联合推广视频示例,"UP主"发布作品后在创作团队一栏会显示其商业合作的品牌,并标明为视频赞助商。

图9-34　B站花火平台的页面

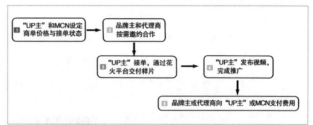

图9-35　合作流程

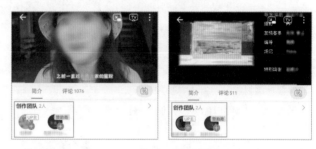

图9-36　"UP主"与品牌联合推广视频

拓展延伸: "UP主"要满足以下4个条件才能够入驻花火平台,如图9-37所示。

① 年满18岁并完成实名认证;

② 粉丝数量累计有10000或以上;

③ 30天内发布过原创视频;

④ 电磁力等级不低于Lv5且信用分不低于60分。

图9-37　花火平台入驻条件

9.3 其他收益 增加渠道

除创作成长、创作收益外，"UP主"还可尝试其他收益方式。当前，知识经济为B站注入了新的活力，成为了行业的热点。资本与流量的支持不仅拓宽了创作变现的渠道，还使其拥有了更长久的生命力。对于当前的B站，开发课程、出版图书和参与商业活动都是较有前景的变现渠道。这些渠道依赖于"UP主"的人气和粉丝量。

课程合作：知识付费增添创作收益

年轻群体的付费意识高，学习能力强，知识付费已成为众多平台尝试内容变现的渠道之一。相较于其他渠道，知识付费更加直接，商业模式也清晰明了，被很多知识社区和平台所青睐。有道精品课、知乎等平台都是早早迈出这一步伐的行业翘楚。

B站拥有年轻化的用户基础和适宜的社区环境，合作课程也成为了B站着力发展的一块业务。在B站，"UP主"和平台共同打造知识付费的内容并分享受益，而用户支付课程费以获得更优质的知识服务。

以PC端为例，用户想了解、购买或是学习B站的官方课程，可在登录B站后，点击主站页面右上角"课堂"按钮，进入课程版面进行相关操作，如图9-38所示。

图9-38 "课堂"入口

B站的知识付费内容主要分为通识科普、语言学习、考研、视频制作、考试考证、设计创作、IT培训、兴趣生活、职场提升这9大类内容类型，每个大类还下分有若干小类，囊括了目前B站平台较为热门的内容领域，每一个知识课程都需要使用B币购买，如图9-39所示。

图9-39 课程类型

付费课程的上线，意味着B站用户可以获得更加系统、更加专业的学习内容，在大量的"野生技术协会"的教程视频之外，也多了一个选择。同时也为众多的"UP主"提供了增加创作收入的机会。许多能够创作优质内容的创作者，可以将自己所掌握的知识整理为系统化的课程，与B站课堂合作，通过网络授课的形式实现知识变现。

图9-40所示为B站官方推出的某个需要付费的商业插画课程，该课程的授课导师就是B站知名的插画"UP主"。通过课程教学，该"UP主"能够获得一定收益。

图9-40 "UP主"的知识付费课程

线下活动：商业活动实现流量变现

除了线上的合作推广外，B站还为"UP主"提供了多种与粉丝进行线下互动的机会和平台。拥有高人气的"UP主"能够受邀参与一些商业活动，也可以依托自身粉丝基础进行线下的演出或活动，获得收益。此处以Bilibili World和Bilibili Macro Link为例，介绍"UP主"可参与的线下活动。

1. Bilibili World

Bilibili World，又简称BW，它是由B站于2017年开办的大型线下嘉年华活动品牌，也可理解为线下B站文化主题漫展。BW现场汇聚了海内外的知名声优、艺人、"UP主"等人气嘉宾，还充满了新颖的互动玩法和ACG元素。大众可以在BW现场感受具有B站特色的活动氛围，还能有机会跟喜欢的"UP主"进行互动。图9-41所示为BW活动标志。

图9-41　Bilibili World

B站将BW打造为集合了演出、展览和互动游戏等多种玩法的综合性娱乐盛会，在活动现场实体化还原了B站的分区内容，也会邀请各分区的知名"UP主"参与这种年度聚会。图9-42所示为BW2021上海站所邀嘉宾的宣传片中出现的部分"UP主"。

图9-42　BW邀请知名"UP主"

2. Bilibili Macro Link

Bilibili Macro Link简称BML，是B站举行的大型线下演出活动。活动通常会邀请知名ACG歌手、海外人气唱见舞见以及B站"UP主"参加。图9-43所示为BML活动标志。

图9-43　Bilibili Macro Link

BML现已发展为在上海、北京、成都、广州多地举行的超万人参与的超大型演唱会，将用户们熟悉的文化社区搬进了真实的世界。高人气"UP主"们会被邀请参加每届BML，在各个会场进行演出。图9-44所示为2021年BML的部分参演"UP主"。

图9-44　BML参演"UP主"

出版发行：优质内容可享版权费用

在信息时代，B站优质"UP主"创作的内容拥有自己独特的价值，而且本身又有粉丝群体所带来的宣传流量，因此"UP主"能够有机会与出版社合作，将自己的内容整理成书，出版发行，赚取收益。

B站平台拥有广泛的用户群体，并且大部分用户都愿意为自己所喜爱的事物投资时间和金钱。B站"UP主"可以利用自身的粉丝基础，为自己出版的书籍做一定的宣传预热工作，年轻化平台的用户优势、交流社区的粉丝文化等都会为"UP主"的宣传预热提供支持。

图9-45所示为部分B站"UP主"成功出版的图书示例。这些图书本身就是优质的知识内容，又多属于当下在B站较为受欢迎、被用户所认可的内容领域，一经出版上市后，通过"UP主"与粉丝的宣传，都有不俗的销量，为"UP主"带来了不少的收入。

图9-45　"UP主"出版发行的图书